미라의 저주를 푸는
인체의 비밀

미라의 저주를 푸는 인체의 비밀

글 강호진 | 그림 오성봉

|주|자음과모음

차례

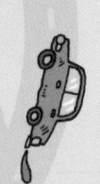

책머리에

어렸을 때, 난방이 되지 않는 방을 동생과 함께 썼습니다. 커다란 유리창 두 개로 된 문이 있는 그 방은 한겨울에는 하얀 입김이 나올 만큼 추웠고, 한여름에는 더위가 느껴지지 않을 만큼 무척 시원했습니다.

동생과 나는 방바닥에 엎드려 고대 이집트의 왕, 즉 파라오 투탕카멘의 미라에 관한 책을 읽는 것을 좋아했습니다. 3000년 전 이집트를 상상하며 황금 칠이 되어 있는 투탕카멘의 미라를 만나는 것은 무엇보다도 흥미로운 일이었습니다. 특히 투탕카멘 미라의 저주로 무덤을 발굴하던 사람들이 죽고, 파라오의 무덤이 모여 있는 '왕들의 골짜기'에서 유일하게 도굴되지 않고 남아 있다는 이야

미라의 저주를 푸는 인체의 비밀

기는 단숨에 우리의 마음을 사로잡았습니다.

우리나라에서도 미라가 발견되었다는 소식을 들었을 때, 어린 시절을 떠올리면서 미라에 대해 알아보았습니다. 그리고 이집트의 미라와 우리나라의 미라에는 차이가 있다는 것을 알게 되었습니다. 이집트의 미라는 몸이 썩지 않도록 내부 장기를 제거하고 약품을 처리하여 의도적으로 만들었지만, 우리나라의 미라는 의도적으로 만든 것이 아니기에 시신의 훼손이 거의 없는 상태로 발견되어 몸속 장기는 물론 수분까지 남아 있습니다. 그래서 병원에서 미라를 검사하여 살아 있을 당시에 먹은 음식, 앓던 질병, 심지어 유전자까지 알 수 있다고 합니다.

이렇듯 흥미로운 미라 이야기와 함께 우리 몸의 구조와 기능을 배울 수 있습니다. 배고플 때 왜 꼬르륵 소리가 나는지, 긴장하면 왜 땀이 나는지 등 인체의 신비와 더불어 길이, 무게, 들이, 넓이 같은 측정에 관한 이야기를 하나씩 찾아보는 재미도 느낄 수 있을 것입니다. 이 책이 수학과 과학을 좋아하는 친구들에게 의미 있고 즐거운 배움의 기회가 되었으면 좋겠습니다.

"수학과 과학은 즐거움입니다."

강호진

등장인물

모미

생각한 것을
행동으로 옮기는 행동파.
덜렁대지만 눈썰미가 있어 한 번 본 것은
잊어버리지 않고 기억한다.
뛰어난 논리력으로 일이 일어난
원인을 잘 추리해 낸다.

채인

모미의 단짝.
꼼꼼하고 신중한 성격이다.
의사인 아빠 덕분에
인체에 관한 지식이 풍부하다.
태블릿PC 등 전자기기를 잘 다루며,
현재 방송부원으로
사진이나 동영상 찍는 것을
좋아한다.

모욱

모미의 남동생.
과자를 좋아하며, 모미와 자주 다툰다.
호기심이 많고, 동물이나 역사에 특히 관심이 많다.

삼촌

모미의 삼촌.
의대생이며 인체와 수학에 대한 지식이 해박하다.
귀찮을 정도로 우리 몸에 대해 설명하는 것을
좋아한다. 약간 허풍이 있으며 겁이 많고, 누나인
모미 엄마를 무서워한다.

이장님

한옥마을 이장님.
사투리를 쓰고 굉장히 무뚝뚝하며
고집이 세다.
동네 사람에게는 친절하지만
다른 지역에서 온 사람은
싫어한다.

방해꾼

미라를 조사하지 못하도록 방해하는 인물.
모미 일행이 움직이는 것보다 항상 한발
앞서 움직여 일을 꾸미고 현장을
빠져나간다.

프롤로그

나는 떨리는 손으로 마지막 투표용지를 집어 들었다. 방송실의 모든 조명이 내게로 집중된 것 같았다. 이마와 콧잔등에 땀이 맺혔다. 지금 내가 들고 있는 이 종이가 현장체험학습을 가느냐 마느냐를 결정할 것이다. 심장이 두근거렸다. 과연 이번에는 현장체험학습을 갈 수 있을까? 투표용지를 열어보기 전, 3초도 안 되는 짧은 시간 동안 지난 기억이 머릿속에 스쳤다.

학교를 마치고 학원에 가는 채인이를 붙잡고 나는 푸념하듯 물었다.

"채인아, 이렇게 우리의 초등학교 시절이 끝나는 거야?"

"뭐, 어쩔 수 없지. 지난 3년 동안 현장체험학습을 가지 않았는데 올해라고 특별히 달라지겠어?"

"그래도 어떻게든 방법을 찾아야지. 이렇게 가만있으면 우리의 초등학교 6학년 추억은 그저 학교 수업과 학원으로 가득 찬 시시한 것들만 남고 말 거야."

채인이는 학원으로 향하는 발걸음을 재촉하며 말했다.

"모미야, 너 기억 안 나? 3년 전에 어느 학교에서 현장체험학습 가던 버스가 크게 사고 난 적이 있었잖아. 그리고 얼마 뒤에 다른 학교에서는 현장체험학습 장소에서 화재가 나서 많은 아이들이 다쳤고. 우리가 가고 싶어도 안전을 걱정하는 부모님들의 반대가 엄청날걸?"

나는 채인이 뒤를 졸졸 쫓아갔다.

"아, 몰라, 몰라. 나는 어떻게든 친구들과 같이 현장체험학습도 가고 초등학교에서의 마지막 추억을 만들었으면 좋겠어. 너는 친구들하고 같이 현장체험학습 가고 싶지 않아, 응?"

"물론 나도 가고 싶지……."

채인이는 말끝을 흐렸다. 채인이는 가능성이 없다고 생각하는 것이 분명했다. 그때, 불현듯 좋은 생각이 떠올랐다.

"채인아! 이렇게 하면 어때?"

"어떻게?"

"우리가 선거에 나가서 전교 회장이 되는 거야! 그러면 전교 회의를 통해 현장체험학습을 갈 수도 있지 않을까?"

나는 마치 당장이라도 현장체험학습을 가게 된 것처럼 큰 소리로 말했다.

"전교 회장?"

"전교 회의를 통해 다른 친구들의 의견을 모은 다음 선생님과 부모님들을 설득하는 거야!"

"그거 그럴듯한데? 그럼 이렇게 하자. 나는 남들 앞에서 말하는 걸 좋아하지 않으니까 모미 네가 회장 선거에 나가는 거야. 나는 네 옆에서 필요한 일들을 도울게."

계속 걷기만 하던 채인이가 발걸음을 멈추고 나를 바라보았다.

"그래, 좋아! 그럼 내가 회장 선거에 나갈게. 대신 네가 나를 많이 도와줘야 해."

"알았어."

그리고 얼마 뒤, 나는 현장체험학습 실시를 공약으로 내건 덕분에 6학년 친구들의 압도적인 지지를 받아 전교 회장에 당선되었다. 회장이 된 나는 부모님들을 설득하기 위한 안내문을 만들어 돌리고, 추운 날씨에도 교문 앞에 나가 현장체험학습의 필요성에 대해서 학생들에게 설명하는 한편, 몇 차례에 걸친 전교 회의를 통해 현장체험학습을 간절히 원하는 6학년 학생들의 마음을 선생님들에게 전달했다. 이러한 노력 끝에 우리는 학생, 선생님, 부모님들이 참여한 투표에서 찬성률이 80% 이상이 되면 현장체험학습을 가겠다는 교장 선생님의 다짐을 받을 수 있었다.

지금 내가 들고 있는 이 종이가 바로 현장체험학습을 결정짓는 마지막 한 표인 것이다. 찬성표가 하나만 더 나온다면 80% 이상의 지지를 얻어 우리가 그토록 바랐던 현장체험학습을 갈 수 있게 되는 것이다.

'최선을 다했으니까 반대가 나오더라도 후회는 없어.'

나는 투표용지를 펼쳤다.

찬 성

교내 방송을 보고 있는 모든 친구들이 투표용지에 적힌 글자를 보았을 것이다. 나는 주먹을 불끈 쥐었다. 카메라로 투표 결과 발표를 찍던 채인이의 얼굴에도 미소가 가득했다. 찬반 투표와 더불어 장소 선정 투표도 같이 진행되었는데, 현장체험학습 장소는 한옥 마을이 잘 보존되어 있고 문화 유적을 관람할 수 있는 임강역사지구로 결정되었다. 채인이와 나는 해냈다는 기쁨을 마음껏 누렸다.

"엄마! 아빠!"

나는 집에 오자마자 부모님을 찾았다. 물론 오늘의 승전보를 전하기 위해서였다. 호들갑을 떨면서 들어오는 딸이 걱정되었는지 엄마가 물었다.

"왜? 오늘 무슨 일 있었어?"

"현장체험학습 가는 것으로 결정되었어요! 히히."

"정말? 우리 딸이 열심히 하더니 결국 해내는구나. 잘했어, 우리

딸."

엄마가 나를 꼭 끌어안으며 말했다.

"그것 봐라. 아빠가 노력하면 안 되는 일이 없다고 늘 이야기하지 않았니? 축하한다!"

아빠도 가볍게 웃음 지었다.

"그런데 누나는 맨날 노는 것만 열심히 하더라?"

그런데 식탁에 앉아 블록 조립을 하고 있던 모욱이가 딴지를 걸었다.

"야! 이거 놀러 가는 거 아니거든? 현장체험학습이라고, 학습! 배우러 가는 거란 말이야. 엄마, 아빠가 열심히 저녁 준비하는데 돕지도 않고 블록만 맞추는 네가 노는 거지, 안 그래?"

"아니야, 나도 도왔어. 숟가락이랑 젓가락이랑 모두 다 내가 놨거든? 누나 건 놓지 말 걸 그랬네."

모욱이가 입술을 내밀고 불퉁스럽게 말했다.

"그래, 모욱이도 열심히 도왔어. 그러니 그만 티격태격하고 얼른 손 씻고 와서 저녁 먹으렴."

나는 저녁밥을 먹는 동안 마지막 한 표로 현장체험학습이 결정된 일, 장소가 임강역사지구로 결정된 일 등 학교에서 있었던 일들을 자세히 이야기했다. 모욱이가 계속해서 딴지를 걸었지만 오늘은 기분이 좋으니 너그럽게 봐주기로 했다. 어쩐지 저녁밥도 평소

보다 더 맛있는 것 같았다.

그런데 거실에 켜져 있는 텔레비전에서 흘러나오는 소리가 이상하게 신경 쓰였다. 내가 좋아하는 아이돌 음악 방송도 아니고, 평소에는 잘 보지도 않던 뉴스였는데도 신경이 쏠렸다.

"지난해 세계문화유산으로 지정된 임강역사지구에서 정체를 알수 없는 여성의 미라가 발견되었습니다. 이 미라는……."

"뭐? 미라?"

나는 숟가락을 내려놓고 얼른 텔레비전 앞에 앉았다. 뉴스에서

미라의 저주를 푸는 인체의 비밀

는 미라의 신원 파악에 주력하면서 혹시 모를 범죄와의 연관성을 우려하여 경찰 수사도 진행한다고 보도했다. 나는 얼른 방으로 들어가 채인이에게 전화를 걸었다.

"채인아, 너 뉴스 봤어?"

"아니, 나 학원 갔다가 지금 들어왔는데?"

"임강에서 미라가 발견되었대!"

"뭐? 미라?"

"그래! 미라가 누구인지 파악도 안 되고, 어쩌면 범죄하고 연관되어 있을지도 모른대. 그래서 경찰이 수사도 진행한대!"

"그럼 우리 현장체험학습은 어떻게 되는 거야?"

"나도 모르지. 그런데 설마 이것 때문에 현장체험학습이 취소되지는 않겠지?"

다음 날, 학교에서는 우리가 걱정했던 것처럼 미라의 정체가 밝혀질 때까지 현장체험학습을 미루기로 결정했다. 집으로 돌아가는 길, 나와 채인이는 잔뜩 풀이 죽어 있었다.

"방법이 없을까?"

내가 채인이에게 물었다.

"기다려 봐야지. 수사가 끝나고 미라의 정체가 밝혀지면 현장체험학습도 가겠지."

채인이는 힘없는 목소리로 대답했다.

"그런데 수사가 오랫동안 계속되면? 미라의 정체가 밝혀지는 게 우리가 졸업한 뒤일 수도 있잖아."

나는 현장체험학습을 아예 못 가게 될 것만 같은 불안감에 휩싸였다.

"그렇게 되지 않기를 바라야지. 현재로서는 별다른 방법이 없으니까."

"방법을 좀 찾아보자. 이대로 포기하기에는 너무 억울한 거 같아. 우리가 그동안 얼마나 열심히 노력했는데……."

"방법이 있기는 할까? 어차피 미라의 정체가 밝혀지기 전에는 현장체험학습은 못 갈 거야."

"잠깐, 미라의 정체만 밝혀지면 되는 거잖아?"

나는 갑자기 좋은 생각이 떠올랐다.

"학교에서도 미라의 정체가 밝혀질 때까지 현장체험학습을 연기한다고 했어. 그러니까 미라의 정체만 밝혀진다면 당연히 현장체험학습도 갈 수 있는 거야!"

나는 전교 회장 선거에 나갔을 때처럼 자신감 넘치는 눈으로 채인이를 바라보았다.

"그렇다면 우리가 미라의 정체를 밝혀 보는 게 어때?"

"우리가 어떻게? 직접 가 보기라도 하게? 우리끼리 갔다가 무슨

미라의 저주를 푸는 인체의 비밀

사고라도 나면 어쩌려고? 그리고 너희 집이나 우리 집이나 어른 없이 그런 데 간다고 하면 분명히 허락 안 해 주실 거야."

어른이 있어야 한다는 채인이의 말에 나는 삼촌을 떠올렸다. 그리고 곧장 삼촌에게 전화를 걸어 우리와 함께 가 달라고 부탁했다. 물론 미라 이야기는 빼고 현장체험학습 장소를 조사하러 간다고 얼버무려 삼촌의 허락을 받았다. 그리고 부모님들에게는 할머니 댁에 놀러 가는 것으로 이야기해 두었다. 그렇게 미라의 정체를 밝히려는 우리의 작전은 완벽히 준비되었다.

그리고 얼마 뒤, 작전 첫째 날이 밝았다.

1 심장 달린 고물 자동차

"모미야, 삼촌 왔다."

삼촌은 큰 소리로 나를 부르며 집으로 들어왔다. 삼촌을 보자 계획을 들키기라도 한 것처럼 나는 심장이 콩닥거렸다.

"아이, 삼촌. 왜 이렇게 목소리가 커?"

나는 아무 잘못 없는 삼촌을 나무라듯 말했다.

"왔어? 의대생이 공부할 것도 많을 텐데, 괜히 모미가 시간 뺏는 거 아니야?"

화장하던 엄마가 삼촌을 보며 말했다.

"아니야, 얼마 전에 시험도 끝났고 요즘은 조금 한가해서 괜찮아. 그런데 모미 정말 대단하다. 학교에 안 가면 그냥 친구들하고

놀지, 뭘 조사 학습까지 하고 그런대?"

삼촌이 내 머리를 쓰다듬으며 말했다. 나는 금방이라도 할머니 댁에 간다는 거짓말을 들킬 것만 같아서 잔뜩 긴장했다. 그럴수록 심장이 더 빨리 뛰었다.

"학습은 무슨, 그냥 채인이하고 시골에 가서 놀고 싶은 거지. 엄마 만나면 나도 주말에 한번 가겠다고 이야기해 줘."

"엄마? 거기에 엄마도 온대?"

삼촌이 의아해하며 묻는 말에 나는 온몸에 전기가 통하듯 화들

짝 놀랐다.

"으, 응. 하, 할머니도 만나야지."

나는 목소리가 떨리는 것을 숨기고 싶었지만 말을 더듬는 것은 막을 수 없었다. 나는 황급히 엄마에게 말했다.

"엄마, 이러다 약속 시간에 늦겠다. 시간 맞춰 가려면 얼른 출발해야 할걸?"

"정말 시간이 그렇게 됐네. 모미, 삼촌 말 잘 들어야 해."

"알았어. 늦겠다, 얼른얼른 나가."

나는 엄마의 등을 떠밀며 말했다. 엄마가 현관문을 나선 다음에야 나는 안도의 한숨을 내쉬었다.

'휴, 들킬 뻔했네.'

엄마가 나가고 얼마 지나지 않아 채인이가 우리 집으로 왔다.

"안녕하세요?"

"네가 채인이구나. 반가워, 나는 모미 삼촌이야. 그런데 너희는 무슨 현장체험학습을 사전 조사까지 하고 그러니? 현장체험학습은 그냥 친구들이랑 가서 재미있게 노는 거라고. 그런데 미리 가서 공부까지 하다니 나는 이해할 수가 없다, 이해할 수가 없어. 하하하."

삼촌은 크게 웃으며 말했다.

"우리는 미리미리 공부하는 것을 좋아하니까. 그렇지, 채인아?"

나는 채인이를 보며 말했다. 우리의 계획을 숨기기 위해서는 최
대한 자연스럽게 행동해야 하는데 고개를 끄덕이는 채인이의 표
정이 영 어색했다. 채인이를 보니 내 표정에도 '비밀을 숨기고 있
어요'라고 쓰여 있는 것만 같았다.

"잠깐, 너희 너무 수상해. 뭔가 꿍꿍이가 있는 것 같은데? 아까
누나가 말했던 엄마 이야기도 이상하고."

삼촌은 의심의 눈초리로 우리를 바라보았다.

"뭐가 이상하다는 거야? 그리고 가는 길에 할머니를 잠깐 만날

땀의 분비는 온열성 발한과 정신성 발한으로 나뉜다.

"수도 있는 거지. 이상할 거 하나도 없네."

"아니, 너희 둘 다 표정도 부자연스럽고 정말 수상해. 비밀을 털어놓지 않으면 나는 절대로 너희를 데려다주지 않을 거야."

"뭐? 삼촌! 도대체 우리가 무슨 비밀이 있다는 거야? 이상한 소리만 하고 있어."

나는 거짓말을 들키지 않으려고 퉁명스럽게 쏘아붙였다. 삼촌은 내 이마에 맺혀 있는 땀을 손으로 쓱 닦으며 말했다.

"이것 봐, 덥지도 않은데 땀을 이렇게 많이 흘리고 있잖아. 이건 **높은 체온을 땀으로 식히려는 온열성 발한이 아니라, 거짓말하거나 긴장했을 때 땀을 흘리는 정신성 발한이거든.** 보통 식은땀이라고도 하는데, 체온 조절과는 아무 상관없지."

"무슨 소리야? 그냥 땀이 날 수도 있는 거지, 생사람을 잡네."

"그래? 그런데 모미는 왜 식은땀이 날까? 그건 너희가 거짓말을 하고 있기 때문이야. 사람의 몸은 거짓말을 못 하거든. 지금 너희처럼 거짓말이 들킬까 봐 초조한 상태에서는 식은땀도 나고 심장 박동도 빨라지지. 범인들이 죄를 자백하도록 할 때 사용하는 거짓말 탐지기도 이 원리를 이용해서 만든 거야. 너희는 지금 달리기를 한 것도 아닌데 심장이 쿵쾅쿵쾅 뛰고 있을걸. 삼촌이 간단하게 ⊛ 맥박을 체크해 보면 금방 알

⊛ **맥박**
심장박동에 의해 동맥에서 느껴지는 진동.

미라의 저주를 푸는 인체의 비밀

땀은 왜 날까?

땀이 나는 것을 '발한'이라고 하는데, 땀은 우리 몸의 노폐물 배출과 체온 유지, 긴장 완화 등의 중요한 기능을 하며 환경적, 심리적인 변화가 있을 때 생긴다.

- 온열성 발한 : 일반적으로 몸의 온도를 적절히 유지하기 위해서 발생한다. 외부의 온도나 높아진 체온 등의 온열 자극으로 피부 온도가 높아지면 몸에서 땀이 난다.
- 정신성 발한 : 정신적으로 긴장감을 느낄 때 주로 콧등과 이마, 겨드랑이, 손바닥 등에서 발생한다. 온열성 발한과 다르게 돌발적인 것이 특징이다. 갑자기 놀라거나 공포감을 느끼는 등 긴장, 흥분, 스트레스와 같은 심리적인 요인으로 신경이 자극될 때 땀이 난다. 이때 땀과 함께 몸의 열기도 밖으로 배출되는데, 땀이 식으면서 일시적으로 한기를 느낀다.

수 있어. 채인아, 잠깐 손목을 이리 줘 볼래?"

삼촌의 말에 채인이는 아무 대답도 하지 못하고 어쩔 줄 몰라 했다. 삼촌은 이미 눈치를 챈 듯 우리를 번갈아 바라보았다. 순순히 자백하라는 의미였다.

"삼촌이 의사가 되려고 얼마나 열심히 공부하는지 아니? 더 증거를 대 볼까?"

우리가 계속 사실대로 말하지 않으면 삼촌은 의학적 증거를 가지고 우리를 계속 압박할 것이 분명했다.

"좋아, 그 대신 조건이 있어. 만약 삼촌이 우리의 조건을 들어준다면 비밀을 말해 줄게."

"조건? 뭔데?"

"진짜로 들어줄 거야?"

"그래, 알았어. 너희가 말하는 조건을 들어줄게. 조건이 뭔데?"

"임강에 꼭 데려다주고, 거기에서 일주일 동안 우리와 함께 있는 거야. 어때?"

"좋아, 그건 원래 약속했던 거니까 꼭 지키도록 할게. 그럼 이제 너희의 비밀을 말할 차례야."

나와 채인이는 미라의 발견부터 그로 인해 현장체험학습이 중단된 이야기, 그리고 미라의 정체를 밝히러 간다는 사실까지 그동안 있었던 이야기를 모두 털어놓았다.

"뭐? 미라? 조사? 그런 무서운 일을 벌이러 가는 거란 말이야? 안 돼, 난 절대로 같이 갈 수 없어. 누나한테 다 말할 거야."

"안 돼! 엄마한테 말하면 절대로 안 보내 줄 거야. 부탁이야, 삼촌. 나는 초등학교 마지막 현장체험학습에서 친구들과 멋진 추억을 만들고 졸업하고 싶어. 삼촌이 꼭 도와주면 좋겠어."

나는 진심을 담아 삼촌에게 부탁했다. 채인이도 간절한 눈빛으로 삼촌을 쳐다보았다.

"하이고, 이거 말 안 했다가는 누나한테 엄청 혼날 텐데 어쩌면 좋냐?"

그때 방문이 갑자기 확 열렸다. 나는 엄마가 벌써 돌아온 줄 알고 깜짝 놀랐다. 그런데 문 앞에는 모욱이가 과자를 먹으며 서 있었다.

"누나랑 삼촌이랑 미라를 찾으러 간다고? 나 다 들었다! 엄마한 테 말해야지."

문밖에서 이야기를 모두 듣고 있던 모욱이가 방으로 들어오며 말했다. 이제 모욱이까지 알게 된 이상 우리의 계획이 엄마의 귀에 들어가는 것은 시간문제였다. 그런데 그때 모욱이가 씩 웃으며 세 사람을 쳐다봤다.

"나도 데려가면 엄마한테 안 이르지."

모욱이는 미라라는 말에 뭔가 재미있는 일이 펼쳐질 것이라고 생각한 것 같았다. 입이 가벼운 모욱이가 언제 엄마에게 우리의 비밀을 일러바칠지 모르는 일이었다. 결국 채인이와 나는 모욱이도 함께 데려가기로 했다.

나, 채인이, 모욱이까지 6개의 눈동자가 삼촌을 향해 간절한 눈빛을 보냈다.

"내가 졌다, 졌어. 삼촌이 너희를 임강에 데려다줄게. 대신 위험한 일이 생기면 바로 돌아오는 거다."

"네!"

우리는 1초도 기다리지 않고 대답했다. 그리고 삼촌과 함께 지하 주차장으로 내려갔다.

"삼촌, 그런데 이게 삼촌 차야?"

모욱이는 눈앞에 보이는 고물 자동차를 바라보며 물었다. 삼촌이 타고 온 자동차는 페인트가 벗겨지고 군데군데 녹슬어 있었다. 또 청소는 얼마나 안 했는지 얼룩이 가득했고, 유리창도 금이 가 있었다.

"응, 멋지지? 삼촌이 몇 달간 고민한 끝에 산 차야. 이 차를 사려고 수많은 차를 비교하고 분석했지. 그때 비교했던 자료를 모으면 아마 책도 쓸 수 있을 거야."

삼촌은 자랑스럽게 말하면서 낡고 삐그덕거리는 문을 열고 차에 올라탔다.

"얼른 출발하자!"

삼촌의 뒤를 이어 내가 앞자리에 타고, 채인이와 모욱이가 뒷자리에 올라탔다.

"삼촌, 우리 지금 출발하면 몇 시쯤 도착하게 될까요?"

꼼꼼한 채인이가 시간을 체크했다.

"알아보니까 여기서 임강까지는 거리가 210km 정도 떨어져 있더라. 나는 보통 ★시속 70km로 달리니까 3시간 정도 걸리겠네. 지금이 오전 10시니까 오후 1시쯤에 도착하지 않을까?"

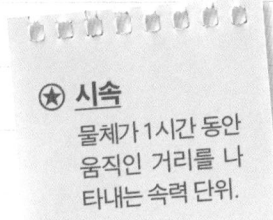

★ 시속
물체가 1시간 동안 움직인 거리를 나타내는 속력 단위.

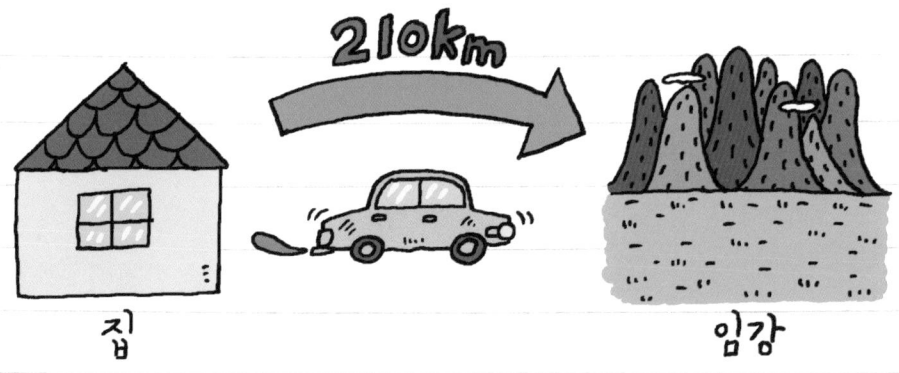

210km

집   임강

"그런데 시속 70km로 달린다는 게 무슨 뜻이야? 70km는 길이를 나타내는 거잖아."

어느새 과자 봉지를 뜯은 모욱이가 와그작와그작 과자를 씹으며 물었다. 채인이가 삼촌 대신 차분한 목소리로 설명했다.

"아! 그건 우리가 **보통 시속 70km로 달린다고 하면, 1시간에 70km를 간다는 뜻이야.** 사실 정확한 단위는 70km/h(70km/시)라고 써야 해. 여기서 h는 시간을 의미하는 'hour'의 머릿글자야."

"그럼 1시간에 70km를 가는 거니까 2시간이면 140km, 3시간이면 210km를 가는 거네. 그래서 3시간이 걸린다고 했구나."

모욱이는 계속해서 과자를 먹으면서 고개를 끄덕였다.

"그런데 3시간보다 더 걸릴지도 몰라. 오늘처럼 휴일에는 도로에 차가 많아서 빠른 속도로 움직이지 못할 때가 많거든. 그리고 내가 길을 제대로 찾지 못하기라도 하면…… 아니, 길은 제대로 찾아갈 거야. 어젯밤에 얼마나 많이 알아봤는데."

삼촌은 들릴 듯 말 듯 작은 목소리로 중얼거렸다. 그러고는 수첩을 펴 보더니 자동차의 여러 버튼도 한 번씩 눌러 보았다. 마침내 준비를 끝낸 삼촌이 힘차게 외쳤다.

"다들 안전벨트는 잘 맸지? 자, 그럼 이제 출발!"

그런데 힘찬 삼촌의 목소리와 달리 고물 자동차는 힘없이 터덜터덜 길을 달렸다.

"삼촌, 지금 속력이 50km/h도 안 되는 것 같아. 아까 배운 대로라면 210km 떨어진 임강에 도착하려면 4시간을 달리고도 10km를 더 가야 해."

모욱이의 말에 삼촌은 몸에 잔뜩 힘을 주었다. 가속페달을 더 힘껏 밟으려는 것이었다. 그런데 자동차는 부르릉 하고 큰 소리만 낼 뿐 빨라지지는 않았다.

속력을 구하는 방법

속력은 일정한 시간 동안 움직인 거리로 물체의 빠르기를 나타낸다. 만약 짧은 시간 동안 먼 거리를 움직였다면 '속력이 빠르다'라고 하고, 긴 시간 동안 가까운 거리를 움직였다면 '속력이 느리다'라고 할 수 있다. 이때, 빠르기와 느리기의 정도는 다음 식을 통해 구할 수 있다.

$$속력 = 움직인\ 거리 \div 시간$$

이렇게 구한 속력을 숫자로 나타내기 위해서는 숫자 뒤에 단위를 붙인다. 속력의 단위는 거리의 단위(km, m, cm 등)와 시간의 단위(시, 분, 초 등)를 이용해 표현할 수 있다. 예를 들어, 자동차가 3시간 동안 210km의 거리를 움직였을 때의 속력은 210km÷3시간이므로 70km/h(km/시)이고, 달팽이가 3분 동안 210mm의 거리를 움직였을 때의 속력은 210mm÷3분이므로 70mm/m(mm/분)이다.

금방이라도 멈출 것 같았던 삼촌의 고물 자동차는 다행히 매끄럽게 고속도로 위를 달렸다. 햇살이 따듯하고 하늘은 매우 맑았다. 살짝 열린 창문으로 솔솔 들어오는 바람이 시원했다. 모욱이는 어느새 잠이 들어 있었다.

"삼촌, 그런데 아까 우리 몸은 거짓말을 하지 않는다고 했죠? 그게 무슨 뜻이에요?"

"채인이는 꿈이 의사라고 하더니 인체에 대해서 궁금한 게 많은가 보구나. 그건 말이야, 아까 너희가 긴장해서 식은땀도 뻘뻘 흘리고, 심장도 콩닥콩닥 빨리 뛰고 그랬지? 그건 모두 우리 몸에 있는 자율신경이 작동해서 그런 거야."

"자율신경이요?"

"우리 몸에는 신경이 있어서 몸을 움직이기도 하고 감각을 느끼기도 하지. 너희, 삼촌이 말하는 대로 한번 해 볼래? 주먹을 쥐었다가 펴 봐."

우리는 얼른 주먹을 쥐었다가 펴 보았다.

"이번에는 고개를 끄덕여 볼래?"

이번에도 삼촌 말대로 우리는 고개를 끄덕였다.

"잘되지? 이렇게 **우리 몸을 움직일 수 있게 해 주는 게 바로 신경이야.** 방금 너희가 했던 것처럼 내가 원하는 대로 움직일 수 있게 하는 신경을 운동신경이라고 해. 사람은 모두 운동신경의 지배를

미라의 저주를 푸는 인체의 비밀

뇌에서 운동신경을 통해 명령을 전달하여 몸을 움직인다.

받아 움직이지. 뇌에서 주먹을 쥐었다가 펴라는 명령을 내리면, 운
동신경을 통해 손으로 전달되는 거야."

"그렇구나."

"그럼 이번에는 심장을 한번 움직여 볼래?"

"심장? 심장을 어떻게 움직여? 심장은 못 움직여."

나는 말도 안 된다는 듯이 말했다.

"아니야, 심장은 지금도 움직이고 있어. 쉬지 않고 우리 몸속에
서 뛰고 있잖아."

33

생각해 보니 심장은 언제나 뛰고 있었다. 내가 의식하고 있을 때나 그렇지 않을 때나 한결같이 움직이고 있는 것이다.

"생각해 봐. 우리가 뛰라고 명령을 내릴 때만 심장이 뛴다면 어떻게 되겠니? 모미 너처럼 한 가지 일에 몰두하면 아무것도 신경 쓰지 않는 사람은 심장에게 뛰라는 명령도 하지 않고 다른 일을 하게 되겠지? 그러면 어떻게 되겠어?"

"으악! 잠시만 다른 생각을 해도 심장이 멈춰서 죽겠네?"

"그렇지, 그래서 심장이 뛰거나 땀이 나는 것처럼 우리가 당연하게 여기는 반응들은 운동신경에서 담당하지 않아. 인간의 생명과 직접적으로 관련되어 있고 의식과 상관없이 꼭 필요한 움직임은 대부분 자율신경이 작용하지."

"그럼 스스로 움직이는 거네요? 그런데 아까는 왜 우리의 심장이 빨리 뛰게 된 거예요? 자율신경이 우리의 거짓말을 알아차리기라도 한 걸까요?"

"맞아, 자율신경은 그런 거짓말을 금방 알아차리거든. 자율신경은 감정에 따라 반응하는데, 즐겁거나 슬프거나 긴장하는 등 우리의 감정에 따라 자율신경이 여러 가지를 움직이는 거야. 자율신경은 교감신경과 부교감신경으로 나뉘어. 평소에는 이 두 신경이 적절하게 작용해서 우리 몸속 기관들이 안정적으로 작동할 수 있게 해 주지만, 아까처럼 거짓말을 해서 긴장되는 상황에서는 교감신경이 크게 작용해서 심장박동도 빨라지고 식은땀도 나는 거야.”

“아, 그런 거였구나. 아까 삼촌이 내 이마의 땀을 쓱 닦을 때 얼마나 떨렸는지 몰라. 그런데 그게 다 교감신경의 작용 때문이라니.”

“맞아, 나도 아까 삼촌이 맥박을 재어 보자고 했을 때 사실 심장이 엄청 쿵쾅쿵쾅 뛰고 있었어. 들켜서 못 가게 되는 줄 알았는데 이렇게 가게 되어서 참 다행이야.”

채인이는 아까 긴장되었던 상황이 생각난 듯 가슴에 손을 얹고 심장박동을 느꼈다.

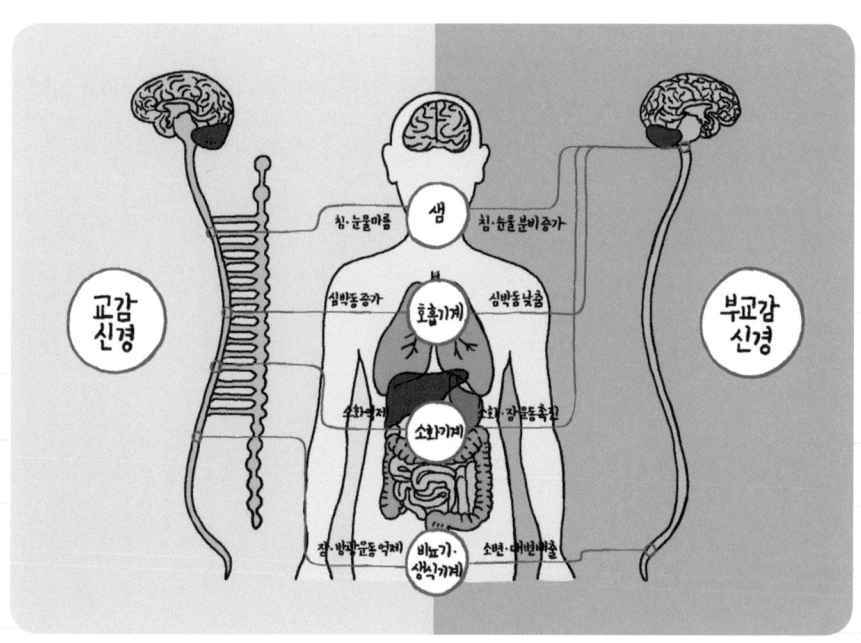

자율신경은 몸속 기관들이 잘 작동할 수 있게 하는 역할을 한다.

그렇게 우리가 재미있게 이야기를 나누는 동안 시계는 어느덧 오후 1시를 지나고 있었다.

"삼촌, 그런데 차가 너무 털털거려. 곧 멈출 것 같아."

"무슨 소리야? 이 차 ★엔진이 얼마나 튼튼한데. 우리나라 자동차 성능 대회에서 엔진 부분 대상도 받았다고."

"삼촌, 엔진이 중요한 거야?"

"당연하지. 엔진은 자동차의 심장이라고 할 수 있어. 심장이 피를 내보내서 사람의 온몸 구석구석으로 산소를 전달해 주는 것처럼 엔진이 자동차를 움직일 수 있는 힘을 만들어서 자동차의 바퀴로 보내 주거든. 그래서 엔진은 자동차가 움직일 수 있게 만드는 가장 중요한 부분이야."

채인이가 덜덜거리는 차가 불안한지 걱정스러운 눈빛으로 말했다.

"삼촌, 그런데 우리 자동차의 심장이 지금 너무 아픈 것 같아요."

"걱정하지 마. 엔진 대상을 받은 차라니까."

그러나 채 5분도 지나지 않아 삼촌의 자동차는 더 이상 움직이지 못하고 멈추고 말았다.

"어? 왜 이러지?"

삼촌은 당황해서 이마와 콧등에 땀을 흘리며 다시 시동을 걸기 위해 노력했다.

나는 걱정스럽게 삼촌을 바라보았다.

"삼촌, 엔진이 고장 난 거 같아. 그래서 움직일 수 있는 힘을 못 내고 있나 봐."

차가 멈춰 서자 잠에서 깬 모욱이가 물었다.

"다 온 거야?"

"아니야, 아직 더 가야 하는데 차가 고장 난 것 같아."

"그럼 이제 어떻게 해?"

"정비소에 연락해야겠다."

삼촌은 지금 당장 우리가 할 수 있는 일이 없다고 했다. 그러고 나서 삼촌은 고물 자동차처럼 낡고 색이 바랜 휴대전화를 꺼내 정비소에 전화했다.

우리는 잠시 자동차에서 내려 바깥바람을 쐬며 주변을 둘러보았다. 길가에 핀 이름 모를 꽃들이 참 예뻤다. 통화를 끝내고 차에서 내린 삼촌이 말했다.

"차를 가지러 오는 데 1시간 정도 걸린대. 여기에서 좀 기다려야 할 것 같아."

나는 미라를 만나 보기도 전에 길에서 시간을 보내는 것이 아까웠지만 어쩔 수 없었다.

'근데 모욱이는 저기에서 뭐 하는 거야?'

나는 조금 멀리 떨어진 곳에서 쪼그려 앉아 있는 모욱이를 불렀다.

"모욱아! 이쪽으로 와!"

모욱이가 우리 쪽으로 걸어오자 모욱이의 뒤를 어떤 강아지 한 마리가 졸졸 따라왔다. 털에 흙이 묻고 지저분했지만 작고 하얀 강아지였다.

"날 보더니 금세 따라왔어. 그래서 내가 과자 몇 개 주고 있었어."

"그 강아지가 너한테서 나는 과자 냄새 맡고 왔나 보다. 푸하하."

과자 봉지를 손에서 놓지 못하는 모욱이를 강아지도 알아보는 것 같았다.

"누나, 우리 이 강아지 데려가면 안 될까, 응? 제발."

"모욱아, 우리는 놀러 가는 게 아니야. 그리고 강아지 주인이 찾으러 올 수도 있잖아."

우리를 따라온 건 모욱이 하나만으로도 충분했다. 나는 강아지까지 데려가고 싶지는 않았다. 하지만 모욱이는 쉽게 포기하지 않았다.

"여기 주변을 봐. 집이라고는 한 채도 없어. 이런 곳에서는 분명히 지나가는 차에 부딪혀서 죽고 말 거야."

요즘 고양이나 강아지를 키우다가 버리는 사람들이 많아지고 있어서 문제가 된다는 내용을 학교에서 배운 적이 있었다. 어쩌면 이 강아지도 그런 강아지일지도 모른다는 생각이 들었다. 나를 올려다보는 강아지의 눈빛이 애처로워 보였다.

"좋아, 그럼 강아지는 네가 책임져. 밥도 주고, 씻기고, 똥 치우는 것까지 전부 네가 한다면 데려가도 좋아."

"그래! 그런 건 또 내가 전문이지."

모욱이는 다시 강아지에게 과자를 주면서 장난을 치고 놀았다.

자동차 정비사 아저씨는 1시간도 훨씬 지난 뒤에야 우리가 있는

곳에 도착했다. 정비사 아저씨는 삼촌과 짧게 이야기를 나누더니 타고 온 차 뒤에 고물 자동차를 매달고 사라졌다.

"삼촌, 우리 이제 어떻게 해?"

"여기 앞에 있는 산만 하나 넘으면 바로 임강한옥마을이라고 하더라고. 어차피 지금은 미라 때문에 상점들도 다 문을 닫았으니 마을 이장님 집에서 머무르라고 정비사 아저씨가 알려 줬어. 저기 보이는 불빛 있지? 거기가 이장님 집이래. 가 보자."

삼촌이 손끝으로 가리키고 있는 산 중턱에 불빛이 하나 켜져 있었다. 우리는 산으로 이어지는 조그만 길을 따라 한참을 걸었다. 주위가 어둑어둑해졌을 때쯤 우리는 마을에 도착했다. 돌담으로 둘러싸인 집이 여러 채 있었지만 불이 켜져 있는 집은 딱 한 군데뿐이었다. 바로 우리가 찾던 이장님 집인 것 같았다. 한옥 처마 끝에 매달린 낡은 형광등 불빛이 마당을 환히 비추고 있었다.

자율신경 중에서 긴장하거나 신체가 위급한 상황에서 심장박동을 빠르게 하고 몸에 땀이 나게 하는 신경의 이름은 무엇일까요?

미라의 저주를 푸는 인체의 비밀

2

일곱 뼘 미라와의 만남

"안녕하세요?"

우리는 이장님 집의 대문을 조심스럽게 밀면서 인사를 했다. 녹이 슨 대문에서 끼이이익 하는 소리가 났다.

"누구시오?"

집 안에서 나이 든 할아버지의 목소리가 들려왔다. 낮게 갈라지는 목소리는 퉁명스러웠다.

"안녕하세요? 저희는 서울에서 온 초등학생인데, 이번에 이쪽으로 현장체험학습을 오게 되어서 미리 조사 학습하러 왔어요. 이쪽은 대학생인 삼촌이고요."

"다른 지역에서 온 사람이구먼. 귀찮게 하지 말고 그냥 가시오."

햇볕에 그을린 것 같은 갈색 피부에 머리숱이 적고 흰머리가 좌
우로 길게 난 할아버지가 모습을 드러냈다. 부리부리한 눈이며 쏘
아붙이는 말이 매섭게 느껴졌다. 우리는 어떻게 해야 할지 망설였
다. 들어가지도 못하고 다시 나오지도 못하는 사이 잠시 정적이 흘

미라의 저주를 푸는 인체의 비밀

렀다. 처마에 달린 낡은 형광등에 나방이 부딪히는 소리만 탁탁하고 들렸다.

"에이, 왜 그래요? 공부하러 온 학생들한테. 괜찮아요, 할아버지가 괜히 그러는 거야. 신경 쓰지 말고 들어오렴."

할아버지와 달리 인자한 할머니의 모습에 나는 마음이 놓였다.

"고맙습니다."

이쪽으로 오라는 할머니의 손짓을 따라 우리는 마루에 걸터앉았다. 3개의 방문 앞에 마루가 붙어 있는 전형적인 옛날 한옥이었다. 낡은 마루에서 삐그덕 소리가 났다.

"저희가 다음에 이쪽으로 현장체험학습을 오거든요. 그래서 미리 조사해 보려고 왔어요."

채인이가 먼저 차분히 말을 꺼냈다.

"무슨 학습?"

할머니가 알아듣지 못하고 되물었다.

"아, 소풍이요, 소풍."

삼촌이 얼른 바꿔 대답했다.

"아, 소풍. 그런데 지금 여기는 다 문을 닫아서 딱히 볼 게 없어요. 얼마 전에 미라가 발견되었거든."

"알고 있어요. 그래서 미라에 대해서 좀 알아보려고요. 혹시 저희가 미라를 볼 수 있을까요?"

"응, 원래는 연구를 위해 미라를 바로 연구실로 옮길 예정이었지만 이 사람이 반대를 해서 아직 그대로 있단다. 그래서 한옥마을 관리사무소 안에 보관하고 있지. 내일 관리사무소에 가면 아마 볼 수 있을 게다."

할머니는 할아버지를 가리키면서 말했다.

"거참, 무슨 쓸데없는 소리를 하고 그래?"

할아버지는 할머니에게 쏘아붙이듯 말했다.

우리는 미라를 볼 수 있어 다행이라는 생각에 서로를 보며 빙긋이 미소를 지었다.

"그런데 너희 저녁은 먹었니? 누가 집에 올 거라고 전혀 생각을 못 해서 지금 집에 먹을 것이 별로 없구나. 미안해서 어쩌지?"

"아직 저녁은 안 먹었지만 괜찮아요."

채인이가 괜찮다고 했지만, 사실 우리는 집을 나온 뒤로 아무것도 먹지 못해서 몹시 배고팠다. 그때 갑자기 모욱이의 배에서 꼬르륵 소리가 크게 들렸다.

"너는 아까 과자도 먹었으면서 어떻게 배에서 그런 큰 소리가 나니? 창피하게."

내 말에 모욱이도 지지 않고 대꾸했다.

"그게 내 마음대로 돼? 배고파서 저절로 소리가 나오는 걸 어떻게 해."

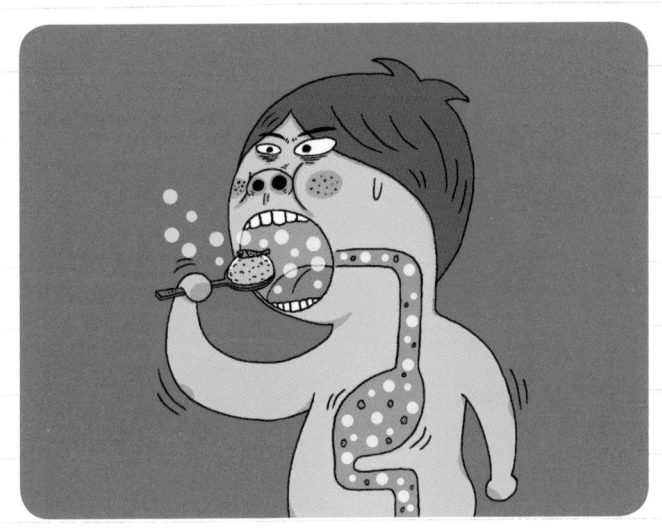

입을 통해 몸속으로 들어간 공기가 작은창자로 이동하면서 꼬르륵 소리가 난다.

"그래, 꼬르륵 소리 좀 냈다고 뭐라고 하는 건 좀 너무했다. 배에서 나는 꼬르륵 소리는 위에 있던 공기가 작은창자로 밀려 내려갈 때 나는 소리야. 우리 몸속의 위와 장에는 공기가 항상 있어. 음식을 먹거나 침을 삼킬 때 공기도 함께 들어오거든. 위는 음식물을 소화시켜서 작은창자로 보내는 역할을 하는데, 음식물이 없어 배고플 때에도 음식물을 소화시킬 때처럼 위가 운동하기 시작해. 그때 위 속에 있던 공기가 작은창자로 밀려 내려가면서 소리가 나는 거야. 위나 장은 우리가 마음대로 할 수 없는 자율신경에 의해 움직이니까 꼬르륵 소리도 우리 마음대로 숨기거나 할 수 없겠지?"

삼촌의 말을 듣고 나니 나는 모욱이에게 조금 미안해졌다.

"그럼 잠깐만 기다려 보거라. 찬은 별로 없지만 그래도 우리 집에 온 손님들한테 밥 한 끼는 대접해야지."

할머니는 부엌에서 몇 가지 반찬과 함께 밥을 준비해 주었다. 밥은 정말 맛있었다. 금세 밥 한 그릇씩 뚝딱 해치우고 나니 할머니는 우리가 묵을 방을 알려 주었다. 대문 근처에 있는 작고 아담한 방이었다.

"이제 다들 잘 시간이니까 불은 끄고 들어갈까?"

나는 처마 끝에 달린 낡은 형광등을 껐다. 환했던 마당이 깜깜해졌다. 형광등에 부딪히던 벌레 소리도 더는 들리지 않아 고요해졌다.

"아니, 도대체 누가 불을 끈 거야? 돌아가라니까 돌아가지도 않고 왜 시키지도 않은 짓을 하고 그래?"

이장님은 큰 소리로 호통을 치더니 방에서 나와 다시 불을 켰다. 나는 깜짝 놀라서 죄송하다고 사과한 다음 방으로 후다닥 들어갔

소화

음식물 속의 영양분을 흡수하기 쉬운 형태로 분해하는 일을 소화라고 한다. 씹는 작용을 통해 음식물을 부수고 이동시켜 소화액과 골고루 잘 섞이도록 하는 기계적 소화와 위액과 같은 소화효소를 사용해 음식물을 더 작게 분해하는 화학적 소화가 있다. 소화효소는 음식물의 소화가 쉽고 빠르게 일어나도록 돕는다.

미라의 저주를 푸는 인체의 비밀

다. 이 늦은 시간에 불을 켜 놓으려는 이장님이 잘 이해되지 않았다.

"모미야, 그런데 내일부터 미라는 어떻게 조사하지?"

채인이가 걱정스러운 눈빛으로 나를 바라보았다. 무작정 여기까지 오긴 했는데, 의욕만 앞섰지 어떻게 해야 할지에 대해서는 사실 별로 생각해 보지 않았다.

"뭐, 미라가 어떤 사람이었는지 알 수 있도록 가능한 한 많은 정보를 모아야지."

"누나, 그런데 그거 알아? 미라를 조사하는 사람은 저주를 받는대."

"그게 무슨 소리야? 그렇게 말하면 누가 무서워할 줄 알고? 네가 맨날 거짓말을 해서 나는 전혀 믿을 수가 없는데."

나는 모욱이를 향해 혀를 길게 내밀고 얼굴을 찌푸렸다.

"아니야, 이번에는 진짜야, 누나. 이 세상에서 가장 유명한 미라가 누구인지 알아?"

"그거야 당연히 이집트의 미라겠지."

요즘 반 친구들 사이에서 유행하는 공포 시리즈 책에서 봤던 이집트의 미라가 번뜩 떠올랐다. 온몸에 붕대를 칭칭 감고 있는 미라는 생각만 해도 오싹해서 팔에 소름이 돋는 것 같았다.

"맞아, 이집트는 시체를 보존하는 기술이 매우 발달해서 미라를 많이 만들었대. 그래서 이집트의 미라는 세상에 알려진 것이 많은데, 그중에서도 가장 유명한 건 이집트의 왕이었던 투탕카멘의 미

투탕카멘의 미라가 잠들어 있던 황금 관

라야."

"아! 황금 가면을 쓰고 있는 미라 말이지?"

모욱이의 말에 채인이도 관심을 갖기 시작했다.

"맞아, 채인이 누나도 아는구나. 아무튼 투탕카멘의 무덤을 발굴했을 때 발견된 투탕카멘의 미라를 조사하던 사람들이 하나둘씩 죽기 시작한 거야. 아무 이유 없이 말이야."

"정말? 사람들이 아무런 이유도 없이 죽어?"

"응, 그런데 알고 보니 무덤에 '왕의 안식을 방해하는 자는 죽음의 날개에 닿으리라'라는 저주 글귀가 쓰여 있었대. 사람들은 그것도 모르고 조사를 하다가 저주를 받은 거지."

"에이, 그거 뻥 같아. 쓸데없는 이야기 그만하고 얼른 잠이나 자!"

나는 애써 웃으며 믿지 않는 척했지만 사실은 모욱이의 말이 계속 신경 쓰여 한동안 뒤척이고 나서야 잠이 들었다.

미라의 저주를 푸는 인체의 비밀

미라를 조사하는 첫째 날이 밝아왔다. 원래 아침잠이 많은 데다 어젯밤 미라의 저주 이야기에 잠을 설친 탓인지 일어나는 것이 무척 힘들었다. 하지만 미라의 정체를 꼭 알아내고야 말겠다는 마음으로 나는 삼촌과 모욱이를 깨웠다.

　"얼른 일어나! 잠만 자면서 시간 다 보낼 생각이야?"

　"몇 시야? 채인이는?"

　나는 삼촌과 모욱이가 덮고 있던 이불을 확 잡아당겼다.

　"9시. 채인이는 벌써 나갈 준비 다 했어. 왜 우리 집 식구들만 이렇게 늦잠인 거야?"

　우리는 결국 10시가 넘어서야 집을 나설 수 있었다.

　"빵이야, 산책 가자."

　모욱이가 어제 데리고 온 강아지를 불렀다. 꾀죄죄했던 강아지는 모욱이가 목욕시켜 새하얘졌다.

　"산책 가는 거 아니거든? 늦게 일어난 주제에 놀러 가는 줄 알고 있어. 그리고 빵이는 또 뭐야?"

　"내가 빵을 좋아하잖아. 그래서 얘 이름을 빵이라고 지은 거야."

　빵이가 우리를 쫄랑쫄랑 따라왔다. 나는 한숨을 내쉬었다. 귀찮은 얼굴로 나와 채인이의 뒤를 느릿느릿 따라오는 삼촌과 과자 봉지를 든 모욱이 그리고 아무것도 모르고 신난 강아지 빵이는 왠지 미라 조사에 방해만 될 것 같아 걱정이 앞섰다.

　우리는 작은 오솔길을 따라 산으로 올라갔다. 한옥마을까지 가
는 길이 안내된 이정표를 따라 계속 걸었다.

　"와, 시원하다."

　높은 산은 아니었지만 정상에 오르니 시원한 바람이 불어 땀을

미라의 저주를 푸는 인체의 비밀

씻어 주었다.

"저기가 임강한옥마을인가 봐."

채인이가 가리키는 곳에는 한옥들이 옹기종기 모여 있었다. 정상에서 10분 정도를 더 걸어 한옥마을 관리사무소에 도착했다.

"안녕하세요?"

"어떻게 오셨나요?"

"저희는 여기로 현장체험학습을 오기로 했던 학생인데, 미라가 발견되었다는 소식을 듣고 찾아왔어요. 미라가 이곳에 있다고 하던데 저희가 조사해 보고 싶어서요."

"어이구, 보통 사람들은 무서워하는데 어린 친구들이 대단하네. 고집불통 이장님 때문에 계속 여기에 보관하고 있어서 너희가 미라를 볼 수 있게 된 것은 다행이긴 하다만, 언제까지고 여기에 보관할 수는 없는데……. 미라를 조사하러 왔다고 했지? 저기 안에 있으니 들어가 보렴."

관리사무소 아저씨의 도움으로 우리는 미라를 만나 볼 수 있었다. 미라는 유리관 안에 반듯하게 누워 있었는데, 우리가 생각했던 것처럼 붕대를 칭칭 감고 있거나 황금 가면을 쓴 모습은 아니었다.

'미라가 조금 이상한데…….'

고개를 갸우뚱하는 나를 보고 관리사무소 아저씨는 미라에 대해 간단히 설명해 주었다.

우리나라의 미라는 이중으로 만든 관 외벽에 석회를 붓는 장례 풍습으로 만들어졌다.

"너희가 생각했던 미라의 모습과는 조금 다르지? 미라라고 하면 온몸에 붕대를 감은 이집트의 미라를 먼저 떠올리니까. 그런데 우리나라의 미라는 보통 이런 모습으로 발견된단다. 우리나라에는 사람이 죽으면 시신을 관에 담아 땅에 묻고 장례를 지내는 풍습이 있지? 조선시대 때 부유한 집안이나 지위가 높은 양반 가문에서는 이중으로 관을 만들기도 했단다. 관 속에 또 다른 관을 넣는 거지. 그렇게 이중으로 만든 관 주변으로 석회를 부어 굳히는 거야. 그러면 단단하게 굳어진 석회가 개미나 벌레 등을 막아 주는 것은 물론

미라의 저주를 푸는 인체의 비밀

이고 나무뿌리가 뻗어 들어오는 것도 막아 줘서 시신이 잘 보존될 수 있다고 하는구나. 우리나라의 미라는 거의 이런 식으로 만들어졌다고 보면 된단다."

"그럼 처음부터 이런 모습으로 발견되었나요?"

채인이는 벌써 조사를 시작한 것 같았다.

"아니, 처음에는 옷을 많이 껴입은 모습이었지. 보통 생전에 입던 옷을 입히고, 같이 관에 넣어 주거든. 이 미라도 옷을 많이 껴입고 있었지. 미라가 입고 있는 옷은 그 당시 사람들이 입었던 옷을 그대로 보여 주기 때문에 우리나라 전통 의복을 연구하는 데 큰 도움이 된다고 하더구나. 그래서 전통 의복을 연구하는 사람들이 가지고 가서 연구 중이란다. 얼른 미라도 잘 맡겨져서 잘 보존되어야 할 텐데……. 아무튼 너희도 조사하러 왔다니 한번 살펴보렴."

미라는 하얀 한복을 걸치고 있었다. 겉옷 안쪽에 입는 얇은 한복인 것 같았다.

"아! 그런데 이상한 점이 있다고 하더라. 보통 이렇게 미라로 발견되면 대부분 화려한 한복을 입고 있는데, 이 미라는 서민 옷을 입고 있어서 의복을 연구하는 사람들이 굉장히 놀라더라고. 일반 서민이 이렇게 이중 관으로 예법을 갖춰서 장례 지내기는 어렵다는 거야. 농사 짓느라 바쁜 서민들이 그런 장례를 치르려면 너무 많은 시간이 걸리거든. 돈도 많이 들고."

말을 마친 아저씨는 우리를 남겨 두고 밖으로 나갔다. 나도 아저씨의 말을 듣고 이상하다는 생각이 들었지만 이유를 알 수 없는 건 마찬가지였다. 그래서 우리는 일단 그 문제는 접어 두고 미라에서 찾아낼 수 있는 정보를 최대한 많이 모아 미라의 정체를 밝혀내기로 했다. 드디어 미라를 조사하게 되었다는 생각에 조금 긴장되었다.

"미라의 모습이 정말 신기한데? 죽은 게 아니라 그냥 잠자는 것 같아."

유리관에 들어 있는 미라는 우리가 상상했던 모습과 달랐다. 약간 마르고 피부색이 조금 까만 것을 빼면 살아 있는 사람과 별로 큰 차이가 없어 보였다.

"정말 신기하다. 죽은 사람의 몸이 이렇게까지 보존될 수 있는 거야?"

채인이도 눈을 크게 뜨고 미라를 바라보았다.

"그러게. 나도 이런 건 처음 보는걸."

의대생인 삼촌도 놀라기는 마찬가지였다.

"이럴 때가 아니야. 미라에 대해서 얼른 조사해야지. 우리가 무엇을 알아낼 수 있을까? 우리 알아낸 미라의 정보를 한 가지씩 말해 보기로 하자."

우리는 모두 말없이 미라를 살펴보았다. 채인이가 태블릿PC로 사진 찍는 소리만 들렸다. 침묵을 깨고 모욱이가 먼저 입을 열었다.

"미라가 원래 치마를 입고 있었다고 했잖아. 그러니까 미라는 여자야."

사실 미라가 여자라는 것은 뉴스에도 나온 정보였다. 그렇지만 나는 일단 모욱이를 칭찬해 주었다.

"좋았어. 첫 번째 정보, 미라는 여자."

"나도 한 가지 발견. 머리카락 색깔이 검은색이라는 건 나이 든 사람이 아니라 젊은 사람이라는 거야. **머리카락이 자라는 모낭에는 멜라닌세포가 있는데, 이 세포에서 검은 멜라닌 색소를 합성하거든.** 그런데 나이가 들수록 멜라닌세포의 수도 줄고 기능도 떨어지기 때문에 점점 흰머리가 돼."

"좋아, 삼촌 의견도 추가. 그럼 미라는 젊은 여자라는 뜻이네."

나와 채인이도 새로운 정보를 발견하기 위해 미라를 꼼꼼히 살폈다.

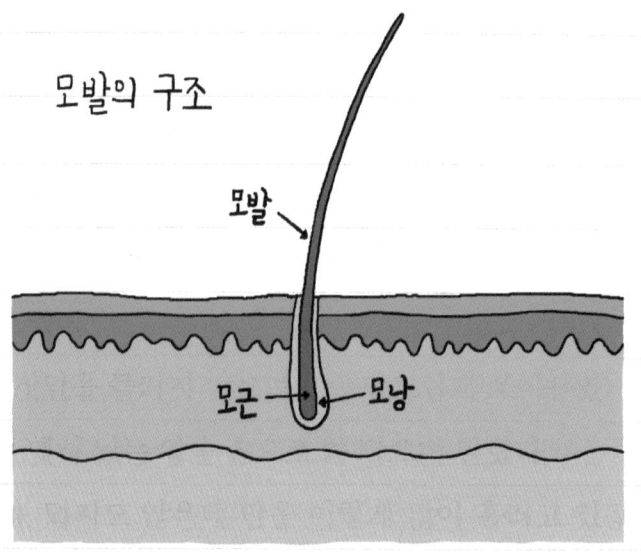

모발의 구조

모발

모근 — 모낭

모낭에 있는 멜라닌세포가 줄어들면 흰머리가 된다.

"그런데 어른이라기에는 키가 좀 작은 거 같은데? 혹시 어린이가 아닐까?"

나는 중얼거리듯이 말했다.

"아니야, 옛날 사람들은 요즘 사람들보다 키가 작았어. 그러니까 누나 말처럼 이 미라가 어린이라고 말하기는 어려워."

"그럼 이게 큰 키니? 쳇."

"누나보다는 큰 거 같은데? 누나는 성질이 고약해서 키가 안 크는 거 같아."

"뭐라고? 내가 훨씬 크거든?"

내가 주먹을 쥐고 몸을 틀자 모욱이는 그대로 미라가 들어 있는

미라의 저주를 푸는 인체의 비밀

유리관을 돌아서 반대편으로 도망갔다.

"어휴, 내가 미라를 일으켜 세워서 키를 재 볼 수도 없고. 자가 없으니 참 답답하네."

"잠깐! 싸우지 말고, 우리 미라의 키를 뼘으로 재 보는 건 어때?"

모욱이를 쫓아가려던 나를 막아 세우며 채인이가 말했다.

"좋아! 채인아, 얼른 내 키 좀 재 줘. 저 녀석 말이 틀렸다는 게 금방 드러날 거야."

채인이는 나를 벽에 딱 붙여 세워 놓고 뼘을 이용해서 키를 재기 시작했다.

"음, 일곱 뼘 하고도 이만큼 더."

채인이가 엄지와 검지를 살짝 벌렸다.

"좋아, 이번에는 내가 미라의 키를 재 볼게."

"모미야, 잠깐만."

내가 미라가 있는 유리관 옆으로 가서 크게 한 뼘을 벌리자 삼촌이 나를 불렀다.

"그럼 한 뼘의 길이가 달라지잖아. 그렇게 하면 기준이 달라져서 정확히 비교할 수가 없게 돼."

"⭐기준?"

"응, 기본이 되는 크기나 양 등을 말하는 거야. 옛날에 나라에서 세금으로 쌀 한 통씩을 걷도록

⭐**기준**
크기나 양 등 어떤 값을 비교하거나 측정할 때, 기본이 되는 표준.

했대. 그런데 어떤 마을에서는 작은 통으로, 또 어떤 마을에서는 큰 통으로 세금을 걷은 거야. 그럼 큰 통을 사용한 마을 사람들이 세금을 더 많이 낸 거잖아. 당연히 큰 통으로 세금을 낸 사람들은 불만이 많았어. 그래서 나라에서는 그 기준을 언제 어디서든 일정하게 하려고 노력했지. 이런 일들 덕분에 우리가 보통 **길이나 양 등을 잴 때 사용하는 항상 일정한 기준**이 만들어진 거야. 그걸 우리는 **단위**라고 해. 너희가 잘 알고 있는 센티미터나 그램 같은 것 말이야."

삼촌의 말을 듣고 생각해 보니 1cm는 어느 자에서든지 똑같은 길이였다. 만약 1cm가 자에 따라 혹은 나라마다 다르다면 정확한 길이를 비교할 수 없을 것 같았다.

"그렇겠네. 알았어, 삼촌. 채인아, 이번에도 네가 재 봐야겠다."

미라의 저주를 푸는 인체의 비밀

채인이가 이번에는 미라의 머리끝에서 발끝까지의 길이를 뼘으로 쟀다.

"딱 일곱 뼘이네."

"모욱아, 봤지? 내가 더 크다고!"

"그래 봤자 겨우 요만큼 큰 거면서."

모욱이는 아까 채인이가 했던 것보다 훨씬 작게 손가락을 벌리며 말했다.

"으이구, 끝까지 저러네. 어쨌든 미라의 키는 내가 찾은 정보야. 채인아, 이제 네가 찾은 정보를 하나 말해 봐."

채인이는 한참 동안 조용히 미라를 바라보다가 입을 열었다.

"삼촌, 여기에 상처가 있는 것 같은데요. 한번 봐 주세요."

채인이는 미라의 몸통을 가리켰다. 우리는 두 눈을 크게 뜨고 살펴보았다. 미라는 약간 말라 있어 몸에 군데군데 주름이 있었고, 그 가운데 살이 약간 벌어진 부분이 분명히 있었다. 미라가 입고 있는 한복 저고리 사이로 옆구리에 길게 난 상처가 보였다.

"어, 진짜네. 맞아, 이건 주름 같아 보이지만 분명히 날카로운 것에 의해 생긴 상처야. 주름에 묻혀 있어서 알아보지 못할 뻔했는데 채인이가 잘 찾아냈네."

"그런데 옆구리에 왜 이런 상처가 나 있는 걸까?"

"누나, 만약 칼로 생긴 상처라면 이 사람은 누군가에게 살해당한

게 아닐까?"

"뭐? 살해?"

우리는 모두 깜짝 놀랐다.

"설마……. 말도 안 되는 소리 좀 하지 마! 어제부터 무슨 저주가 있다는 둥 계속 쓸데없는 소리만 할래?"

나는 모욱이를 째려보았다.

"모미야, 뭔가 불길한 예감이 들어. 우리 그만하고 그냥 집으로 돌아가면 안 될까?"

삼촌도 겁을 먹고 불안한 목소리로 말했다.

"삼촌, 여기까지 왔는데 미라 옆구리에 난 상처 하나 때문에 바로 돌아가는 건 너무 아깝잖아. 일단 미라가 발견된 현장도 좀 살펴보자, 응?"

나는 걱정하는 삼촌을 설득해서 미라가 발견된 장소에 가 보기로 했다. 미라가 발견된 장소는 관리사무소에서 얼마 떨어지지 않은 곳이었다. 그곳에는 여기저기 땅을 파헤쳐 놓은 구덩이가 많이 보였다.

"여기에 '미라 발견 장소'라고 표시되어 있네."

미라는 한옥마을 확장 공사를 하던 중에 발견되었다고 했다.

"여기가 예전에는 어떤 곳이었는지도 알아볼 필요가 있을 것 같아."

미라의 저주를 푸는 인체의 비밀

나는 미라와 이곳에 대해서 최대한 많은 정보를 모아야겠다고 생각했다.

"어, 저게 뭐지?"

모욱이가 바라보는 곳을 향해 고개를 돌리자 미라가 발견되었던 구덩이 안쪽으로 무언가가 튀어나와 있는 것이 보였다.

"돌인가?"

"무슨 손잡이 같은데?"

나와 채인이가 이야기하는 동안 모욱이는 구덩이 안으로 내려가서 그 부분을 파 보기 시작했다.

"모욱아, 그러다가 혼날 수도 있어. 어서 올라와."

"잠깐만! 이것만 확인해 보고."

얼마 지나지 않아 우리는 그 물건의 정체를 알 수 있었다.

"칼이야."

녹슬어 날카로움은 잃었지만 그것은 분명 칼이었다.

"그럼 아까 미라 배에 난 상처가……."

채인이는 말끝을 흐렸다.

"더 이상은 안 되겠어. 모미 너나 나나 누나한테 크게 혼날 거야. 지금 바로 집으로 돌아가자."

삼촌은 하얗게 질린 얼굴로 휴대전화를 꺼내 전화를 걸었다.

"누나, 사실 모미가 지금 미라 조사를 한다고 임강에 왔는데, 무

61

슨 칼도 발견되고……."

나는 삼촌의 전화기를 얼른 빼앗았다.

"엄마, 현장체험학습 장소에서 미라 발견된 거 알지? 미라에 대해 궁금하기도 해서 와 본 거야. 내가 집에 가서 전부 이야기할게."

"그런데 칼이 발견되었다는 건 무슨 소리야?"

"별거 아니야. 삼촌이 괜히 호들갑 떠는 거야."

"그래? 모미 너, 또 엄마한테 거짓말하고! 별일은 없는 거야?"

"그럼, 당연하지. 현장체험학습 장소도 미리 와 보고 좋지, 뭘."

"별일 없다니 다행이네. 삼촌 말 잘 듣고, 엄마랑은 집에 와서 이야기해."

엄마와의 통화가 끝난 뒤 나는 삼촌을 노려보며 말했다.

"삼촌! 정말 이러기야?"

"칼을 발견했어. 너무 위험하잖아. 그리고 미라의 저주가 있을 수도 있고……."

"저주는 무슨 저주? 그거 다 모욱이가 쓸데없는 이야기를 한 거야. 그렇다고 그걸 엄마한테 말하면 어떡해?"

삼촌과 말다툼을 하고 있는데 채인이의 태블릿PC에서 벨 소리가 울렸다.

"에고, 아빠다. 너희 어머니가 우리 집에 연락했나 보다."

채인이는 풀 죽은 표정으로 전화를 받았다.

"이야! 채인이 누나 화상전화 하는 거야?"

모욱이가 호기심 가득한 얼굴을 하고 물었다. 채인이의 태블릿PC 화면에 채인이 아빠가 나타났다. 그리고 채인이는 그동안에 있었던 일들에 대해서 차근차근 설명했다.

"채인아, 칼이 발견되었다고 하던데 그건 무슨 말이야?"

"아, 미라가 발견된 장소에서 칼을 발견했어요. 아까 찍어 둔 사진이 있는데 지금 보낼게요."

"정말 칼이구나. 그런데 칼 손잡이 모양이 조금 특이하네. 손잡이와 칼이 분리되지 않도록 보통 손잡이 윗부분에 링을 끼우는데,

이 칼은 아래쪽에도 링을 끼웠네."

그러고 보니 정말 손잡이 윗부분과 아랫부분에 모두 링이 끼워져 있었다.

"어? 정말 그렇네요. 그런데 아빠, 옆에 있는 분은 누구예요?"

"아, 지금 회의에 참석하러 지방에 가는데 해부학과 박사님과 같이 가고 있단다. 우리나라에서 제일가는 해부학 박사님이지."

통화를 마친 뒤 우리는 이장님 집으로 돌아왔다. 삼촌은 집으로 가자고 나를 설득 중이었다.

"모미야, 내가 이장님께 미라가 조사받을 수 있도록 잘 이야기해 볼게. 그러니까 미라는 어른들에게 맡기고 우리는 이제 집에 가자, 알았지?"

길이나 무게와 같이 어떤 측정값을 수치로 나타낼 때 기초가 되는 일정한 기준을 무엇이라고 할까요?

미라의 저주를 푸는 인체의 비밀

3 숨 막히는 미라의 저주

"이장님, 한 가지만 약속해 주시면 이장님이 말씀하신 것처럼 미라 조사를 그만두고 집에 돌아가려고 합니다."

삼촌이 이장님에게 말했다.

"그래, 무슨 약속?"

여전히 톡 쏘는 말투였지만, 우리가 돌아간다는 말에 이장님의 얼굴이 편안해졌다.

"미라를 더 이상 관리사무소에 두지 말고 연구소로 보내서 정확한 조사를 하면 좋을 것 같아요. 미라의 정체도 알 수 있도록 말이에요."

"뭐라고? 이곳 사람도 아니면서 우리 일에 왜 이렇게 감 놔라 배 놔라 하는 거야? 마을에서 정성껏 장례도 치러 줄 거고, 그 일은 우리가 알아서 할 테니까 신경 쓰지 말고 어서 애들 데리고 가기나 해."

이장님은 우리가 처음 왔을 때부터 다른 지역에서 온 사람들을 무척 싫어했다. 그래서 미라를 다른 지역으로 보내는 것도 싫은 모양이었다. 이장님이 다른 지역 사람들을 왜 이렇게 싫어하는지 우리는 그 이유를 도무지 알 수가 없었다.

"이장님, 미라는 몸속에 수분 보존이 잘되어 있어서 ★MRI 촬영까지 할 수 있어요. 이장님도 병원에서 건강검진을 받으시죠? 미라도 사람과 똑같이 엑스레이도 찍고 여러 가지 검사를 통해 많은 것을 알아낼 수 있어요."

★ **MRI**
강한 자기장을 이용해 몸속을 들여다볼 수 있는 장비.

삼촌의 계속되는 설명에도 이장님은 전혀 고집을 꺾지 않았다. 그런 이장님의 태도에 나는 순간 화가 났다.

"이장님, 미라 옆구리에 큰 상처가 있어요! 그리고 미라 발견 장소에서 칼도 발견했어요! 이 미라는 어쩌면 살해당했을 수도 있다고요. 어떻게 죽었는지 정도는 밝혀 주어야 미라가 조금은 덜 억울하지 않을까요?"

그만 나도 모르게 큰 소리로 외쳤다. 그런데 내 말을 들은 이장님이 지금까지와는 달리 굉장히 놀란 표정을 지었다.

"칼이라고? 그러니까 누가 저 사람을 죽였다는 거야?"

미라의 저주를 푸는 인체의 비밀

"그럴 수도 있다는 말이에요. 그러니까 정확한 조사를 해 봐야 해요."

"알았어, 그럼 내가 생각을 좀 해 봐야겠네."

이장님은 잠시 생각하다가 놀란 표정을 조금 누그러뜨리고 방 안으로 사라졌다.

"이장님이 굉장히 놀라는 눈치인데? 그런데 삼촌, 정말 미라를 사람처럼 검사할 수 있는 거야?"

모욱이가 신기해하며 물었다.

"맞아, 다른 나라의 건조된 미라와는 달리 우리나라의 미라는 몸속에 수분이 남아 있어서 MRI를 찍어 볼 수도 있고, 해부를 통해 몸속 장기까지 확인할 수 있지. 또 내시경을 이용해서 죽기 전에 무엇을 먹었는지도 알 수 있는걸?"

"와, 정말 신기하네요! 빨리 연구소에 보내서 미라의 몸속에 담긴 여러 가지 정보를 알 수 있으면 좋겠어요. 그럼 미라의 정체를 더 빨리 알 수 있고, 현장체험학습도 오게 될 텐데. 이장님이 연구소에 미라 보내는 거 허락했으면 좋겠다."

그러나 채인이의 바람과 달리 저녁이 되어도 이장님은 우리에게 아무 말도 하지 않았다.

"삼촌, 어쩌면 우리 곧 집으로 가게 될지도 모르니까 채인이랑 미

여러 가지 신체검사 방법

- 엑스레이(X-ray) : 엑스선을 이용하여 눈으로 볼 수 없는 물체의 내부를 찍는 사진. 인체 내 이물질의 발견, 질병의 진단, 그 밖에 금속재료의 내부 검사나 결정 해석에도 쓴다.
- 내시경 : 위나 장 등 신체의 내부를 볼 수 있게 해 주는 의료 장비. 검사하는 부위나 방법에 따라 종류가 다양하다.
- 자기공명영상(MRI, Magnetic Resonance Imaging) : 강한 자기장을 이용해 몸속을 들여다볼 수 있는 장비. 주로 수분에 반응한다.
- 해부 : 생물체의 일부나 전체를 가르고 헤쳐 그 내부 구조와 관련 질병 및 사망 원인 등을 조사할 수 있다.

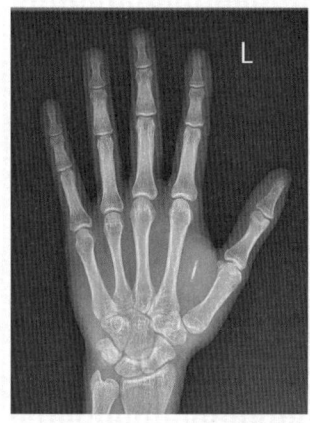
엑스레이로 촬영한 손

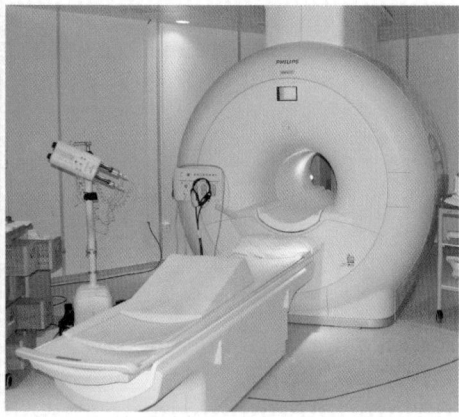
자기공명영상 촬영 기계

라 한 번만 더 살펴보고 올게. 삼촌이랑 모욱이는 안 와도 돼."

"이장님이 곧 말해 줄 것 같은데 그냥 방에 있지."

"아니야, 금방 갔다 올게. 새로운 정보를 발견할지도 모르잖아."

나와 채인이는 한옥마을 관리사무소로 향했다. 낮에 가 봤던 길이지만 캄캄한 밤이라 그런지 약간 으스스한 기분도 들었다.

"드디어 다 왔네. 밤이라서 아까보다 더 먼 것 같아."

"그러게 말이야. 시간이 늦어서 아저씨도 안 계시네. 그냥 들어가 보자. 아까 우리가 찾았던 정보는 배에 상처가 나 있는 젊은 여자라는 것, 그리고 키가 일곱 뼘 정도 된다는 거지? 새로운 정보를 더 찾았으면 좋겠다."

우리는 다시 미라를 천천히 살펴보았다. 그러다가 나는 깜짝 놀랐다.

"꺄아아아악! 이, 이게…… 뭐야?"

"깜짝이야! 왜, 왜? 무슨 일이야?"

"채인아, 여기 좀 봐."

미라 얼굴 쪽 유리관에 쪽지가 하나 붙어 있었다.

**날 가만히 내버려 둬. 그렇지 않으면
너희를 죽음의 날개에 닿게 하리라.**

"이게 모욱이가 말했던 미라의 저주인 걸까?"

채인이가 무서워하며 말했다. 나도 굉장히 놀랐지만 침착하려고
애썼다.

"이런 걸 누가 써 놓았을까? 일단 삼촌이랑 모욱이한테는 비밀
로 하자. 두 사람이 아는 순간 또 미라의 저주가 시작되었다느니
하며 집으로 돌아가자고 할 게 빤하잖아."

그때 끼이이익 하며 문 열리는 소리가 들렸다. 온몸에 소름이 돋고 땀이 흘렀다. 금방이라도 누군가 우리를 찾아내 저주를 내릴 것만 같았다.

"모미 거기에 있니? 채인아!"

문을 열고 들어온 사람은 삼촌과 모욱이였다.

"뭐야? 놀랐잖아, 삼촌! 집에서 기다리라고 했더니 여기에는 왜 왔어?"

"누나한테 전화가 왔거든. 너 여기저기 돌아다니면서 사고 칠지도 모르니까 잘 돌보라고. 그래서 밤중에 너희만 보낸 게 너무 걱정되더라고. 얼른 서둘러 뒤쫓아 왔지."

"정말이지? 우리 잘 돌봐 줄 거지, 무슨 일이 있더라도? 우리가 조사를 계속하게 되더라도 집에 가자고 하지 않고 잘 지켜 줄 거지?"

"그래, 알았어. 그런데 무슨 일 있었어? 왜 이렇게 땀을 흘리고 있어? 또 뭔가를 숨기고 있는 거야?"

나는 미라의 저주가 적힌 쪽지를 보여 주었다. 모욱이는 역시 미라의 저주라며 날뛰었고, 삼촌도 조사를 그만두고 집으로 가자고 했다.

"그만! 삼촌, 아까 날 잘 돌봐 주겠다고 했지? 그럼 약속을 잘 지켜 줬으면 좋겠어. 모욱이 너도 저주라는 둥 그런 말 그만하고."

"그렇게 말하긴 했지만……."

"잘 생각해 봐. 아까는 분명 이런 쪽지가 없었어. 그런데 우리가 다시 돌아오기 전에 누군가 이걸 붙여 놓은 거야. 이건 미라의 저주가 아니라고!"

"도대체 누가 이걸 써 놓았을까?"

채인이가 조용히 중얼거렸다.

"그렇지, 이 쪽지를 쓴 사람이 누구인지 알아내는 게 중요해. 그리고 왜 이런 쪽지를 썼는지도 중요하지."

내 말에 모욱이가 입을 열었다.

"쪽지를 쓴 사람의 목적은 무덤을 함부로 파헤치지 말라고 경고하는 거야. 투탕카멘의 저주도 다른 사람들이 무덤을 함부로 ⊛도굴하지 못하도록 만든 일종의 경고였거든."

"모미야, 그렇다면 이 쪽지는 미라를 발굴했던 사람들에 대한 경고가 아닐까?"

채인이의 말을 나는 곰곰이 생각해 보았다.

"아니, 이건 미라를 발굴했던 사람들에게 경고하는 게 아니야. 바로 우리에게 경고하는 거야."

"뭐? 우리에게?"

모두 놀란 눈으로 나를 바라보았다.

"그래, 우리가 미라를 처음 조사하기 시작했을 때를 생각해 봐.

그때는 이런 쪽지가 없었잖아. 만약 정말로 어떤 저주가 있었다면 처음부터 붙어 있었어야지. 하지만 우리가 조사하고 난 뒤에 쪽지가 붙었어. 그러니까 우리가 미라 조사하는 걸 막으려는 의도로 붙여 놓은 것이 분명해."

"흠…… 듣고 보니 그렇네."

모욱이가 고개를 끄덕였다.

"누나, 그럼 이 쪽지는 누가 붙인 걸까?"

우리는 생각에 잠겼다.

"그건 나도 잘 모르겠어. 예전에 책에서 읽었는데, 범인이 범행 장소에 다시 오는 경우가 많대. 자신이 범죄를 저지르는 동안 뭔가 실수하지는 않았는지 하는 심리적인 걱정 때문이야. 그런데 우리가 오늘 칼을 발견했잖아. 만약 그 칼이 미라를 죽게 한 범행 도구라면 범인이 굉장히 난처해지지 않았을까?"

내 말에 채인이가 말을 이었다.

"만약 쪽지를 붙인 사람이 범인이라면, 그 범인은 우리가 칼을 발견했다는 사실을 아는 사람이야."

"맞아, 우리가 칼을 발견한 것을 알고 있고 미라의 조사를 원하지 않는 사람."

"다른 지역 사람을 싫어하고, 마을에서 장례를 지내 미라를 없애려고 하는 사람."

채인이와 나는 동그래진 눈으로 동시에 외쳤다.

"그렇다면 이장님?"

우리는 곧바로 쪽지를 떼어 이장님 집으로 돌아왔다. 당장이라도 이장님이 방문을 열고 들이닥칠 것만 같아서 나는 쉽게 잠이 오지 않았다.

다음 날, 우리는 이장님의 행동 하나하나를 잘 지켜보기로 했다. 이장님은 마루 한쪽에 앉아 마이크를 들고 방송했다.

★ 미세먼지
눈에 보이지 않을 만큼 작은 입자를 가진 먼지.

"흠흠, 주민 여러분께 알려 드립니다. 오늘 공기 중에 ★미세먼지가 많다고 하니 가급적 외출을 자제하고, 외출할 때에는 마스크를 꼭 착용하기 바랍니다. 마스크가 없는 분들은 마을 회관으로 오시거나 지금 방송을 하고 있는 이장 집으로 오시면 마스크를 나눠 드리겠습니다. 이상입니다."

"하이고, 영감, 이런 시골에서 누가 미세먼지를 신경 쓴다고 매번 방송합니까?"

"모르면 가만히 좀 있어. 시골 사람이라고 미세먼지도 신경 안 쓰고 안 좋은 공기를 마시니까 그렇게 쉽게 병이 나고 그러는 거라고. 그러니까 젊은 사람들이 다 시골은 안 좋은 줄 알고 서울로 도시로 이사를 가 버리고……. 이렇게 마을에 남아 있는 사람들이라

도 건강하게 살 수 있도록
이장이 챙기는 것이 당연하
지. 임자도 밖에 나갈 일 있
으면 꼭 쓰고 나가구려."

이장님은 밖에 나가서도
마을 사람들을 만나면 마
스크를 쓰고 다닐 것을 권
유했다.

도시를 뒤덮은 미세먼지

"아이고, 할아버지, 방송 못 들었습니까? 오늘 미세먼지 엄청 안
좋다니까요."

"허허허, 나는 그런 거 신경 안 써."

"할아버지, 이제 건강 생각해야지요. 서울에서는 다 이렇게 한다
고 안 합니까."

이장님은 마스크를 쓰기 싫어하는 할아버지에게 결국 마스크를
씌워 드리고 나서야 웃음 지었다. 이장님의 모습을 관찰하기 위해
조용히 뒤따르던 우리는 길가에 멈추어 섰다.

"이장님이 동네 사람들한테는 엄청 친절하네."

"그러게 말이야. 우리한테 하는 것과는 아주 다른데?"

채인이가 삼촌을 쳐다보며 물었다.

"삼촌, 그런데 미세먼지는 우리 몸에 얼마나 안 좋기에 이장님이

저렇게까지 하는 거예요? 공기 중에는 원래 먼지가 있잖아요."

"너희도 미세먼지라는 말은 많이 들어 봤지? 그런데 미세먼지 이야기를 하기 전에, 먼지에 대해 먼저 이야기하면 좋을 것 같네. 채인이 말대로 공기 중에는 수많은 먼지가 돌아다니고 있지. 사람이 그걸 그대로 들이마신다면 몸에 정말 안 좋을 거야. 하지만 우리 몸은 그런 먼지를 잘 걸러 줄 수 있는 기관이 있단다."

"코털에서 걸러 주는 거지? 학교에서 그렇게 배운 거 같아."

"맞아, 모미도 제대로 배웠구나. 공기 중에 있는 큰 먼지는 코털에 걸려서 콧속 점막 조직에서 분비되는 콧물과 엉겨 붙어 코딱지로 배출되지."

"먼지 배출하느라 누나가 항상 코딱지를 파는 거구나. 하하하."

"너 누나한테 정말 혼나 볼래? 내가 저 녀석을 괜히 데려왔어."

미세먼지를 막기 위한 노력

미세먼지는 화석연료의 연소 등으로 생긴 대기오염 물질이다. 호흡기를 통해 들어온 미세먼지는 혈관, 뇌까지 침투하기 때문에 건강과 생명을 위협한다. 이러한 미세먼지를 막기 위해 한국전기연구원(KERI)에서는 전자장을 이용한 미세입자 제어 기술을 연구하고 있으며, 네덜란드의 단 로세하르데는 미세먼지가 가진 극성을 이용해 공기 중 미세먼지를 제거하는 스모그 프리 타워를 만들었다. 또 NASA에서는 인공강우를 이용해 인위적으로 비를 내려 공기 중의 미세먼지를 줄이는 방법을 연구하고 있다.

미라의 저주를 푸는 인체의 비밀

삼촌은 계속해서 설명을 이어 나갔다.

"그런데 코에서 거르지 못하는 먼지가 있어. 그런 먼지는 기도를 따라 기관지로 들어가게 되는데, 기관지에도 분비물이 있어서 먼지가 이쪽에 다시 한번 달라붙는단다. 그래서 **먼지와 기관지 분비물이 엉겨 붙으면 가래가 만들어지는 거야.** 이렇게 만들어진 가래는 우리가 뱉어 냄으로써 배출되기도 하고 위로 넘어가서 배출되기도 하지."

"공기 중의 먼지를 그렇게 걸러 내다니, 우리 몸은 정말 신기하네요."

"하지만 코나 기관지가 모든 먼지를 다 걸러 낼 수 있는 것은 아

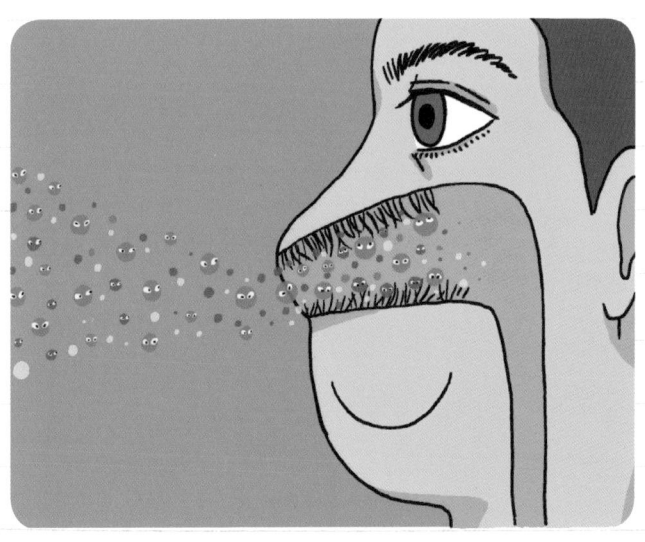

공기 중의 먼지는 코털에서 걸러져 코딱지로 배출된다.

니야. 미세먼지는 일반적인 먼지보다 ★입자가 훨씬 작기 때문에 제대로 걸러 내지 못해서 우리 몸속까지 들어오거든. 그런데 미세먼지는 세계보건기구에서 ★발암물질로 규정하고 있을 정도로 몸에 해로워. 그러니 가능한 한 미세먼지가 우리 몸속에 들어오지 못하도록 하는 것이 좋아.”

★ **입자**
물질을 구성하는 미세한 크기의 알갱이.

★ **발암물질**
세포 이상의 원인이 되어 사람들에게 암을 일으킬 수 있는 물질.

“도대체 미세먼지는 얼마나 작기에 우리 몸에서 걸러 낼 수 없는 거예요?”

“눈으로 보기는 매우 어려울 만큼 작지. 미세먼지의 크기를 재는 단위가 있어. 바로 마이크로미터(μm)야.”

채인이가 눈을 동그랗게 뜨고 물었다.

“그런 단위도 있어요?”

“너희 미터는 알고 있지?”

“길이를 재는 단위잖아. 내 키가 1m 45cm이니까 1m는 내 키보다 짧아.”

“학교에서 100m 달리기를 한 적도 있어요. 그때 사용한 단위가 미터예요.”

삼촌의 질문에 나와 채인이가 대답했다.

“맞아, 그 1m의 길이를 100개로 나눈 것이 1cm야. 이때, 센티미터의

미라의 저주를 푸는 인체의 비밀

c는 $\dfrac{1}{100}$ 을 뜻해.”

“그럼 킬로미터의 k는요?”

“k는 1000을 뜻해. 그래서 1km는 1m의 1000배를 나타내지. 100m 달리기를 했다고 했지? 100m의 10배인 1000m는 1km로 간단히 나타낼 수 있어.”

“그럼 마이크로미터는 얼마나 작은 단위예요?”

“1μm는 1m를 100만 개로 나눈 것과 같은 길이야. 얼마나 작은 크기인지 감이 잘 안 오지? 사람의 머리카락 굵기는 50~70μm야. 그러니까 1μm는 사람의 머리카락 굵기보다도 $\dfrac{1}{70} \sim \dfrac{1}{50}$ 정도로 작은 거지.”

“와, 정말 엄청 작네.”

“맞아. 그리고 미세먼지 중 10μm보다 작은 것은 미세먼지, 2.5μm 보다 더 작은 것은 초미세먼지라고 불러.”

“머리카락 굵기보다도 훨씬 작은 크기라서 우리 몸에서 걸러 낼 수가 없는 거네요. 우리도 이장님 말씀처럼 마스크를 하고 다녀야 할 것 같아요.”

채인이의 말이 끝나자 모욱이가 미세먼지를 들이마시지 않으려는 듯이 코를 막으면서 말했다.

“그럼 우리도 이장님께 마스크 달라고 하자. 이장님이 마을 회관으로 오면 나눠 준다고 했잖아.”

종일 이장님을 미행하면서 관찰했지만 특별히 의심스러운 모습은 보이지 않았다. 결국 우리는 아무런 소득 없이 이장님 집으로 돌아왔다.

"모미야, 이제 며칠밖에 안 남았는데 우리가 미라의 정체를 밝힐 수 있을까?"

"글쎄……. 그래도 학교 친구들하고 현장체험학습 한 번 같이 가 보겠다고 우리가 여기까지 온 거잖아. 미라에 대한 정보도 많이 얻었으니까, 아마 잘될 거야."

방에 누워 채인이와 이런저런 이야기를 나누고 있는데 밖에서 무슨 소리가 들렸다.

"쓱싹쓱싹."

"모미야, 이게 무슨 소리야?"

"나도 잘 모르겠어. 밖에서 나는 소리 같은데?"

우리는 살며시 방문을 열고 소리가 나는 쪽을 확인했다. 이장님이 수돗가에 쪼그리고 앉아 부지런히 손을 움직이고 있었다. 그때 이장님이 손에 들고 있는 칼이 눈에 들어왔다.

"이장님이야! 이장님이 칼을 갈고 있어. 뭐 하려는 거지?"

"헉! 채인아, 저기 좀 봐. 이장님이 들고 있는 칼!"

"칼이 왜?"

"손잡이를 봐! 이중 링이야."

미라의 저주를 푸는 인체의 비밀

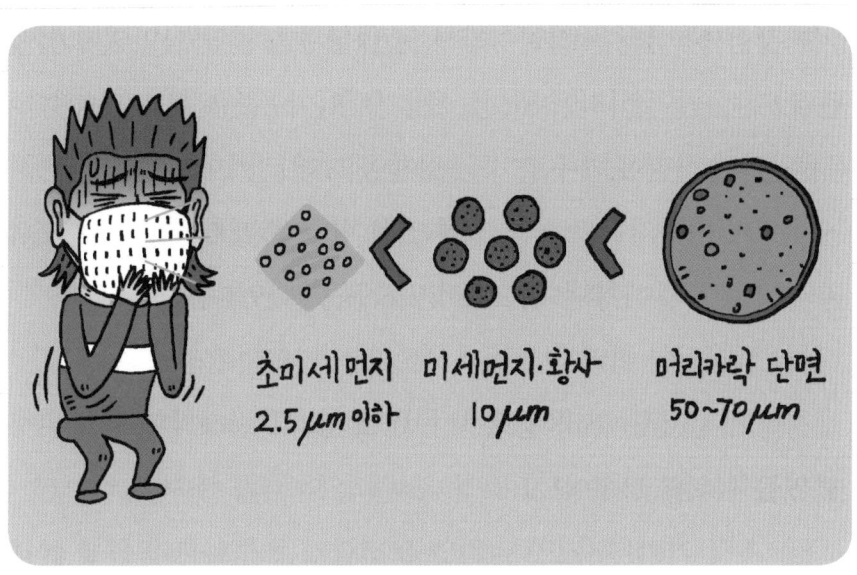

미세먼지는 머리카락의 굵기보다 작다.

이장님이 들고 있는 칼은 우리가 어제 미라 발견 장소에서 찾았던 칼의 손잡이와 똑같은 모양이었다.

채인이는 아주 조그만 목소리로 물었다.

"그럼 우리가 발견한 칼이 정말 이장님의 칼이었단 말이야?"

"그런 것 같아. 그런데 왜 칼을 갈고 있는 거지? 설마 저 칼로 우리를……. 우리가 미라의 저주 쪽지를 보고도 조사를 멈추지 않으니 결국 저 칼로 우리를 해치려는 걸지도 몰라."

나는 심장이 두근두근 뛰고 손이 바들바들 떨렸다.

"모미야, 우리 일단 삼촌을 깨우자."

"괜찮을까? 삼촌은 겁쟁이라서 이런 상황을 알면 가만있지 않을 텐데."

채인이는 삼촌을 깨우고 지금 상황을 그대로 이야기했다. 삼촌은 놀라서 비명을 지를 것처럼 크게 입을 벌렸다. 채인이가 재빨리 삼촌의 입을 막아 이장님에게 들키지 않을 수 있었다.

"어? 이장님이 어디 나가려나 봐."

"정말이네. 얼른 따라가 보자. 이번에야말로 미라의 정체를 밝힐 수 있는 절호의 기회야!"

"난 안 갈 거야! 하지만 너희만 보냈다가는 누나한테 된통 혼나겠지? 그러니까 내가 같이 가야겠지? 아니야, 난 안 갈 거야."

삼촌은 이러지도 못하고 저러지도 못해 안절부절못했다.

"삼촌은 무서우면 여기에서 기다리고 있어."

"야! 너희에게 무슨 일이 생기면 나는 누나한테 끝장이야. 무섭긴 한데, 누나가 더 무서우니까 나도 너희와 같이 갈 수밖에 없어. 대신 모욱이는 자고 있으니까 두고 갔다 오자. 괜히 모욱이랑 빵이까지 따라갔다가 빵이가 짖기라도 하면 바로 들킬 테니까."

우리는 조용히 방에서 나와 이장님의 뒤를 밟았다. 이장님은 오솔길을 따라 산을 올라갔다.

"한옥마을 가는 길이야."

"혹시 미라가 있는 곳에 가는 거 아닐까? 아까 그 말 기억나? 범

미라의 저주를 푸는 인체의 비밀

인은 범행 장소에 다시 나타난다는 말."

그 말을 떠올리자 오싹한 기분이 들었다. 저 멀리 한옥마을 관리 사무소가 보였다. 그런데 이장님은 한옥마을에 다다를 무렵 방향을 바꿔 근처에 있는 작은 초가집으로 들어갔다. 이장님은 초가집에 불을 켜고 마루에 걸터앉았다. 우리는 초가집 담벼락에 붙어 이장님의 행동을 유심히 관찰했다. 이장님은 준비해 온 칼로 떡도 썰고 과일도 깎았다. 그런데 그때, 누군가가 내 어깨를 툭 쳤다.

"여기서 뭐 하고 있니?"

나는 크게 놀라 하마터면 그 자리에 주저앉을 뻔했다. 뒤를 돌아보니 할머니가 영문을 모르겠다는 얼굴로 우리를 쳐다보고 있었다. 할머니는 우리를 데리고 초가집 안으로 들어갔다.

"또 여기 오셨수? 집 안이 조용하기에 다들 어디 갔나 했지."

"너희가 여기엔 뭐 하러 왔어? 내 뒤를 따라온 거야?"

이장님은 잔뜩 화가 난 표정으로 말했다.

"너희가 조른다고 내 마음이 그렇게 쉽게 변할 거라고 생각했어? 예의도 모르고 이렇게 몰래 따라오는 걸 보니 더욱더 허락하기 싫어지는구나. 에잇! 고얀 놈들."

이장님이 굉장히 불쾌한 얼굴로 화를 내자 죄송한 마음이 들었다. 이장님은 몇 번 더 우리를 나무라고는 초가집을 떠났다.

"영감이 왜 또 저렇게 심술을 부릴까? 너희도 거기 서 있지 말고

여기 와서 앉으렴."

　조금 전 이장님이 앉아 있던 마루에 우리는 할머니와 함께 앉았
다. 마루에는 이장님이 준비해 놓은 떡과 과일 바구니가 그대로 놓
여 있었다.

　"할머니, 여기는 어디예요?"

　"여기는 할아버지의 할머니가 살던 집이란다. 한옥마을로 개발
되려던 것을 할아버지가 간신히 막았지. 할머니가 생각날 때면 가
끔 이렇게 찾아오곤 한단다. 할아버지의 할머니는 할아버지에게

엄마 같은 분이었거든."

"이장님의 할머니요?"

"그래, 이장님의 어머니는 이장님을 낳다가 돌아가셨거든. 그래서 이장님은 할머니 손에 자랐지. 나도 이장님과 혼인한 뒤로 할머니를 친어머니처럼 여기고 살았단다. 안으로 들어와 보렴."

초가집 방 안에는 큰 그림 하나가 벽에 걸려 있었다. 한복을 곱게 차려입은 여인이 그려진 그림이었다.

"이분이 바로 이장님의 할머니란다."

그림 속 이장님의 할머니는 단아한 모습이었다. 무척 현명한 분이었을 것 같았다.

"할머니, 사진 찍어도 돼요?"

"그럼, 찍어도 되지."

할머니의 허락을 받은 채인이는 태블릿PC로 사진을 찍었다.

"할머니도 혼자서 이장님을 키우느라 고생이 많았지."

"혼자서요?"

"그래, 할아버지의 집안은 대대로 의사 집안이었단다. 이장님의 할아버지, 그러니까 여기 그림 속 할머니의 남편도 일찍이 서울로 나가 의사를 했다고 해. 그리고 이장님의 아버지도 의사였는데 역시 서울로 갔다가 이장님이 태어났는데도 와 보지 못했다는구나."

나는 할머니의 이야기를 들으면서 이장님이 다른 지역 사람들을 왜 그렇게 싫어하는지 조금은 알 수 있을 것 같았다. 자신과 할머니, 어머니를 두고 멀리 다른 곳에 나가 살았던 할아버지와 아버지를 원망하는 게 아닐까 하는 생각이 들었다.

"그런데 할머니, 혹시 이 칼은……."

"이 칼은 여기 이 할머니가 쓰던 것이란다."

"할머니가 쓰던 칼이라고요?"

"손잡이 위아래로 이렇게 장식되어 있는 칼은 할머니 칼의 특징이었지. 그래서 이장님은 여기에 올 때에는 꼭 이 칼을 사용한단다."

이장님의 칼인 줄로만 알았는데 실제로는 이장님 할머니의 칼이라는 사실에 놀랐다.

'그럼 이장님의 할머니와 미라 사이에 어떤 관련이 있을지도 모르겠어.'

나는 곰곰이 생각하면서 그림을 바라보다 이상한 점을 발견했다.

"어? 할머니의 손가락이 6개예요. 그림을 잘못 그린 건가요?"

"아니, 신기하게도 할머니의 손가락은 6개였어. 나도 어렸을 때 할머니 손가락이 신기하다고 자주 만지고 그랬었는데……. 참, 여기만 오면 할머니가 보고 싶네."

할머니는 소매로 슬쩍 눈물을 닦았다.

"삼촌, 사람 손가락이 6개일 수도 있어?"

"그럼, 6개일 수도 있고 7개일 수도 있지. ★다지증이라는 거야.

사람의 모습은 부모님에게 물려받는 유전자로
결정돼. 아빠와 엄마에게서 똑같이 유전자를
하나씩 받는데, 만약 엄마와 아빠로부터 모두
다지증이 아닌 유전자를 받으면 우리처럼 손
가락이 5개로 태어나고, 다지증 유전자를 받으
면 6개 이상의 손가락을 갖고 태어나는 거지."

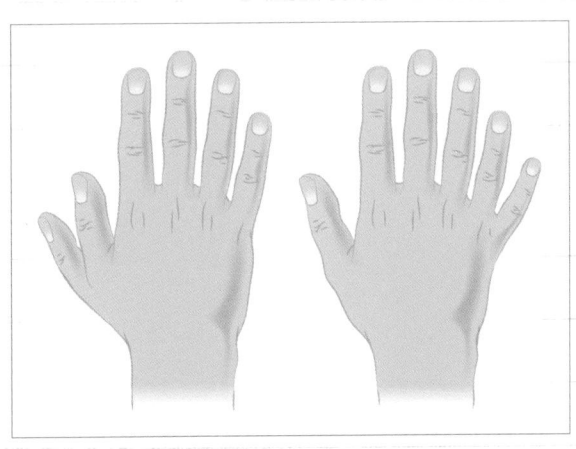

★ 다지증
손가락이나 발가
락의 수가 정상보
다 많은 기형.

"그럼 이 할머니는 엄마와 아빠로부터 모두 다지증 유전자를 받
았겠네."

"그럴 수도 있고, 아닐 수도 있어. 엄마나 아빠 중 한 사람에게서
만 그 유전자를 받아도 다지증이 될 수 있거든."

유전자를 하나만 받아도 그 모습이 될 수 있다는 이야기는 흥미

손가락이 6개인 다지증을 가진 손

유전

부모가 가진 특징이 자손에게 전달되는 것을 말하며, 유전자라고 하는 유전 물질을 통해 일어난다. 사람마다 가지고 있는 유전자의 차이로 사람의 생김새, 피부색 등이 달라진다. 오스트리아의 유전학자인 멘델이 세포핵에 들어 있는 유전자가 생물의 특징을 결정한다는 것과 일정한 법칙에 따라서 유전이 일어난다는 것을 밝혀냈다.

오스트리아의 유전학자 멘델

로웠다. 삼촌의 이야기를 듣고 난 뒤, 아마도 나의 덜렁거림은 엄마한테서 물려받은 유전자 때문인 것 같다고 생각했다.

10μm 이하의 크기로 우리 몸에서 걸러 낼 수 없는 먼지를 무엇이라고 하나요?

4

할머니 손은 소화제

또 하루가 지났다. 아침부터 부슬부슬 비가 내렸다. 그동안 이곳 임강의 날씨는 매일 화창해서 기분이 좋았는데, 오늘은 비가 내려서인지 마음이 무거웠다. 어젯밤에 초가집에 다녀오느라 충분히 잠을 못 자서 몸도 무거웠다.

"누나, 나 배고파."

모욱이가 일어나자마자 먹을 것을 찾았다.

"어이구, 이 마음 편한 녀석, 일어나자마자 먹을 것 타령이야?"

"배고프니까 그렇지."

"조금만 기다려. 할머니가 아침 만들어 준다고 했어."

"그럼 일단 과자라도 먹고 있어야겠다."

"우와, 작은 가방에 무슨 과자가 그렇게 많이 들어 있니? 네 가방
은 요술 가방이야?"

모욱이의 가방에서 끊임없이 과자와 빵 같은 것이 나왔다. 모욱
이가 과자를 씹어 먹는 소리가 방 안을 가득 채웠다.

'이장님의 할머니와 미라 사이에는 어떤 관계가 있을까? 하루빨
리 이장님이 미라 연구를 허락해 주어야 할 텐데.'

내가 이런저런 생각에 잠겨 있을 때, 어디선가 띵동 하는 소리가

미라의 저주를 푸는 인체의 비밀

들렸다.

"어? 문자가 온 것 같은데."

채인이는 소리를 듣자마자 태블릿PC를 찾아 나와 함께 문자를 확인했다.

> 채인아, 미라 조사는 잘되고 있니?
> 아빠가 지방에 회의가 있어서 가는 길에 임강에 잠깐 들를 수 있을 것 같다.
> 지난번에 인사드렸던 해부학 박사님과 같이 갈 건데, 한 2시쯤 도착할 것
> 같구나. 그럼 이따가 보자.

"너희 아빠가 오신다고?"

"그런 것 같아. 어차피 며칠 뒤면 집으로 돌아갈 텐데, 아직도 나를 어린아이라고 생각하나 봐."

"그래도 문자에서 자상함이 느껴지는걸?"

나는 채인이를 향해 미소 지었다. 그사이 할머니가 삶은 감자를 들고 왔다.

"아침밥을 준비하는 데 시간이 좀 걸리는구나. 이거라도 먼저 먹고 있으렴."

삶은 감자에서는 모락모락 김이 났다. 비 오는 5월에 마루에 앉아 있으니 좀 쌀쌀했는데 따듯한 감자를 보니 반가웠다.

"삼촌, 나와서 감자 먹어."

"우와! 맛있겠다. 그럼 어디 탄수화물을 좀 보충해 볼까?"

"삼촌은 음식을 먹을 때마다 어떤 ★영양소가 들어 있는지 생각하면서 먹어?"

"그럼, 우리 몸은 여러 가지 영양소를 골고루 필요로 하거든. 그러니 우리 몸에 필요한 영양소를 생각하면서 음식을 먹는 것이 좋지. 감자에는 특히 탄수화물이 많이 들어 있는데, 탄수화물은 고구마나 쌀, 보리 같은 음식에도 많이 들어 있어. 탄수화물은 힘을 낼 수 있는 에너지를 만들어 줘. 모미 너처럼 여기저기 자주 돌아다니고 신경 많이 쓰는 사람은 탄수화물을 충분히 먹어야 해."

"삼촌도 참, 내가 뭘 많이 돌아다닌다고 그래?"

"하하, 농담이야. 그런데 우리나라 식단은 기본적으로 쌀밥을 중심으로 구성되어 있어서 탄수화물이 충분하지만, 반면에 단백질이나 지방은 부족하지. 그래서 단백질과 지방은 따로 잘 챙겨서 먹어야 해."

"그렇구나. 모욱아, 나와서 탄수화물 먹어. 아니, 감자 먹어."

모욱이는 어슬렁거리면서 방에서 나왔다.

"누나, 나는 조금 이따 먹을게. 과자를 먹었더니 배가 불러서."

"너 그렇게 과자만 좋아하다가는 배탈 난다."

미라의 저주를 푸는 인체의 비밀

감자를 먹는 동안 할머니가 아침밥을 준비해 주었다.

"잘 먹겠습니다!"

"삼촌, 아까 탄수화물을 먹었으니 이제 단백질과 지방을 먹을 차례네요."

나는 할머니가 만들어 준 맛있는 반찬을 계속 집어 먹으면서 물었다.

"그런데 단백질과 지방은 우리 몸에 왜 필요한 거야?"

"단백질과 지방도 탄수화물처럼 우리 몸이 힘을 낼 수 있도록 해 줘. 그래서 사람에게 꼭 필요한 3가지 영양소라는 뜻에서 3대 영양소라고 부르지. 그중에서 단백질은 근육을 만드는 데 큰 역할을 해.

단백질은 근육을 만드는 데 사용된다.

4. 할머니 손은 소화제

그래서 멋진 근육을 만들려고 하는 운동선수들은 단백질 위주로 식사할 때가 많대. 그리고 단백질은 면역력을 높여 주고 소화효소를 만드는 데도 쓰이지. 여기 봐. 생선구이, 두부부침, 달걀프라이…… 할머니가 차려 준 밥상에도 단백질이 많은데?”

우리는 단백질이 들어 있는 반찬을 가리지 않고 많이 먹었다.

“이제 지방을 먹을 차례예요.”

“삼촌, 지방을 먹으면 뚱뚱해지는 거 아니야? 지방은 안 먹어도 될 것 같은데.”

“아니야, 지방은 우리 몸에 꼭 필요한 영양소야. 지방은 피부 아래쪽에 지방층을 형성해서 체온을 유지시켜 주는 역할을 하거든. 그리고 적은 양으로도 큰 에너지를 낼 수 있는 중요한 영양소야. 물론 모미 네가 말한 것처럼 많이 먹으면 좋지는 않아. 지방을 많이 먹으면 지방층이 점점 두꺼워져서 뚱뚱해지거든. 우리는 오늘 지방을 많이 먹지 않았으니까 안심하고 먹어 볼까?”

삼촌은 젓가락을 들고 반찬 위를 비행하듯 요리조리 왔다 갔다 했다.

“지방은 버터나 고기같이 기름이 많은 음식에 들어 있는데, 지금 그런 반찬이 없네.”

“삼촌, 할머니에게 고기반찬을 해 달라고 해 볼까?”

“우리 좀 염치가 있어야 하지 않겠니? 지금 미라 조사한다고 아

미라의 저주를 푸는 인체의 비밀

영양소의 종류

- 탄수화물 : 에너지를 내는 데 쓰이는 대표적인 영양소이며, 특히 머리를 쓰는 데 필요한 에너지로 사용된다. 주로 쌀, 감자, 고구마, 빵, 과자 등에 들어 있다.
- 단백질 : 근육을 만드는 데 쓰이는 대표적인 영양소이며, 머리카락, 손톱, 발톱, 피부 조직과 뼈를 만드는 데에도 사용된다. 주로 쇠고기, 생선, 달걀, 두부, 콩 등에 들어 있다.
- 지방 : 적은 양으로도 큰 에너지를 내는 효과적인 영양소이며, 체온을 조절하고 세포막을 만드는 데 사용된다. 주로 돼지고기, 버터, 땅콩 등에 들어 있다.
- 비타민과 무기질 : 몸의 구성 성분이 되거나 생리 기능을 조절하는 영양소로, 부족하면 쉽게 피곤하고 병에 잘 걸린다. 주로 채소, 과일, 버섯 등에 들어 있다.

무 준비 없이 온 우리에게 할머니가 먹을 것을 다 만들어 주는데 그러면 안 되지.”

“그건 그러네.”

나는 머리를 긁적였다.

아침밥을 거의 다 먹었을 무렵 모욱이가 배를 문지르며 방에서 나왔다.

“누나, 나 배가 좀 아픈데.”

"그것 봐, 내 말이 맞지? 과자 많이 먹지 말라니까. 밥도 안 먹고 과자만 먹으니까 배가 아프지."

"삼촌, 소화제 가져온 거 있어요?"

"아니, 없는데. 어쩌지?"

할머니가 우리 이야기를 듣고 걱정스러운 눈빛으로 말했다.

"누가 배가 아프다고?"

"모욱이요. 아침부터 과자만 먹어서 배가 아픈가 봐요."

"과자를 너무 많이 먹으면 배가 아프지. 이리 와서 여기 누워 보렴."

할머니는 모욱이를 따뜻한 아랫목에 눕혔다. 그리고 손으로 배를 살며시 만져 보았다.

"이런, 배가 아주 차갑구나. 많이 아프겠는걸."

할머니는 모욱이의 배 위에 손을 올리고 빙글빙글 돌리며 어루

배탈은 왜 날까?

배탈은 먹은 것이 체하거나 배가 살살 아프거나 설사를 하는 등 뱃속에 생긴 병을 통틀어 말한다. 배탈이 나는 원인은 다양하다. 유통 기한이 지난 음식이나 상한 음식, 덜 익은 과일 등을 먹고 식중독에 걸리거나 무더운 여름철 차가운 음식을 한꺼번에 많이 먹어도 배탈이 날 수 있다. 따라서 배탈이 나기 쉬운 여름철에는 찬 음식이나 익히지 않은 음식을 조심해야 한다. 또, 밤에 잠을 잘 때에는 이불로 배를 덮어야 배탈이 나는 것을 막을 수 있다.

미라의 저주를 푸는 인체의 비밀

만져 주었다. 그러면서 노래를 불렀다.

"목구멍에서 여덟 치를 내려가니 큰 밥통이 있구나. 밥통 안은 쭈글쭈글 주름이 많으니 쉽게 늘어나고, 한 되는 먹겠구나. 시큼한 물을 섞어 소장으로 보내 주렴. 구불구불 스무 자가 넘는 소장에 많은 털들, 좋은 것만 가져가고 나쁜 것은 내보내라. 대장은 물만 먹고 똥도 싸고 방귀도 뀌려무나."

나는 노래가 이상도 하고 재미도 있어서 할머니에게 물었다.

"할머니, 그게 무슨 노래예요?"

"예전에 내가 배 아플 때마다 이장님의 할머니가 이렇게 똑같이 노래도 불러 주고 배도 만져 주었지. 그러면 어느새 배 아픈 게 씻은 듯이 사라져 버렸단다."

"이장님의 할머니가요?"

"응, 어제 초가집에서 봤지?"

할머니는 계속해서 노래를 부르며 모욱이의 배를 살살 만졌다. 할머니의 손길이 편했는지 모욱이는 스르르 잠이 들었다.

"할머니 노래 재미있다, 그렇지? 옛날에 불렀던 소화송이라고나 할까? 하하, 사람 몸에서 일어나는 소화 과정이 들어 있어."

삼촌은 노래를 따라 부르기도 하고 흥얼거리기도 했다.

"소화송?"

"노래를 영어로 송(song)이라고 하잖아. 지금 할머니가 부르는 노래는 소화가 잘되게 해 주는 노래니까 소화송이라고 할 수 있지. 음식물은 입으로 들어가면 식도를 따라 위로 내려가거든. 위는 커다란 주머니같이 생겼는데, 할머니는 위를 음식물을 담는 통이라는 뜻에서 밥통이라고 표현한 것 같아. 그리고 위에는 주름이 있어서 음식물이 많이 들어가면 쉽게 늘어나기도 해. 위는 꾸물꾸물 움직이면서 음식물을 1mm 정도의 크기로 잘게 부수는 역할을 해."

"입에서 음식물을 씹어 크기를 작게 하는데 위도 비슷한 역할을 하네요?"

"응, 다만 위에서는 음식물의 크기를 훨씬 더 작게 만들지. 그리고 위에서는 강한 ★ 위산을 분비해서 음식물과 함께 몸속으로 들어온 세균을 죽이는 일도 해. 내 생각에 할머니의 노래에서 시큼한 물은 바로 이 위산을 말하는 것 같아."

"그런 다음 음식물은 소장으로 들어가는 거야?"

"맞아, 위에서는 음식물을 한꺼번에 내려보내지 않고 조금씩 십이지장으로 먼저 보내. 그리고 십이지장을 통해서 음식물이 소장이라고도 하는 작은창자로 가는 거야."

"그런데 털들은 뭐야? 작은창자에 털이 숭숭 나 있나?"

"진짜 털은 아니야. 정확하게는 융털이라고 하는데, 영양분을 효율적으로 흡수하기 위해 작은창자 안쪽에 삐죽삐죽 나와 있는 부

미라의 저주를 푸는 인체의 비밀

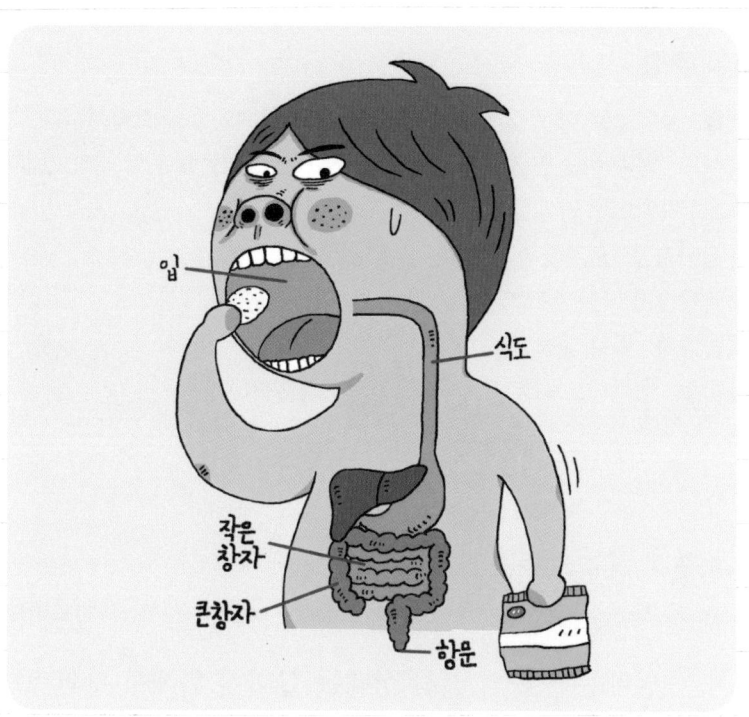

입을 통해 들어온 음식물은 식도, 위, 작은창자, 큰창자를 거쳐 소화된다.

분을 말해. 융털은 음식물과 닿는 면적을 넓혀 주는 역할을 하지. 그러니까 음식물이 융털과 많이 맞닿을수록 우리 몸이 영양소를 잘 흡수할 수 있겠지?"

"그러면 음식물이 마지막으로 도착하는 곳이 대장이겠네요?"

"그렇지. **큰창자라고도 하는 대장에서는 물을 흡수해. 물을 흡수하고 남은 찌꺼기가 항문을 통해 배출되는 거야.**"

"윽! 그거 똥이지? 말만 들어도 구린내가 나는 것 같아."

나는 코를 막는 시늉을 했다.

"똥을 잘 누는 건 무척 중요한 일이야. 그만큼 소화가 잘됐다는 뜻이니까. 옛날에는 왕들의 건강 상태를 살피기 위해서 왕의 똥을 검사하는 직업도 있었다고 해. 그만큼 똥이 중요하다는 뜻 아니겠어?"

"똥을 검사하는 직업이라고? 난 그런 일은 절대로 안 하고 싶은데, 채인이 너는?"

평소 싫은 내색을 잘 하지 않는 채인이조차 인상을 찌푸리고 고개를 저었다.

"삼촌, 그런데 '여덟 치, 한 되' 이런 건 무슨 말이에요?"

"옛날에 사용하던 단위야. 치는 길이를 나타내는 단위고, 되는 양을 나타내는 단위지. 이것들을 지금 우리가 흔히 사용하는 단위로 말하면 어떻게 표현할 수 있는지는 나도 잘 모르겠어. 옛날에 쓰던 단위는 대부분 요즘에는 잘 안 쓰니까 어느 정도의 양인지 확실히 알기는 어렵거든."

"우리나라에서는 잘 쓰지 않고 외국에서만 쓰는 단위도 어느 정도의 길이와 양인지 단번에 알기 어려워요. 텔레비전에서 보니까 외국에서는 길이를 잴 때 야드나 인치 같은 단위를 쓴다고 하던데요?"

"어휴, 사람들도 참. 단위를 좀 맞춰 놓지. 옛날 사람들이 쓰던 단위, 외국에서 쓰는 단위, 이렇게 여러 단위가 있으니까 헷갈리기도 하고 정확한 값을 알기도 어렵네."

"맞아, 그래서 세계 여러 나라에서 단위를 하나로 정하려는 노력 끝에 국제단위계를 정했지. 길이는 m, 무게는 kg을 국제단위로 정했어."

"옛날 사람들도 국제단위를 정해서 썼다면 얼마나 좋았을까? 안 되겠다. 채인아, 인터넷으로 찾아보자."

채인이는 태블릿PC로 옛날에 쓰던 단위를 현재 단위로 바꾸면 얼마인지 하나하나 찾아보았다.

"한 치는 약 3.03cm이고, 한 자는 그것의 열 배인 약 30.3cm의 길이래. 그리고 한 되는 약 1.8L 정도 된다고 하네."

"그럼 목구멍에서 여덟 치라고 했으니까 목에서부터 약 24cm 정도 밑에 위가 있겠네. 작은창자는 스무 자가 넘는다고 했으니 약

606cm가 넘는 길이이고, 위에는 한 되 정도 담을 수 있다고 했으니까 1.8L 정도를 담을 수 있는 거구나. 가만, 1.8L면 우리가 마트에서 살 수 있는 큰 음료수 정도의 양이잖아. 그렇게나 많이 담을 수 있는 건가? 삼촌, 이게 다 맞아?"

"응, 거의 대부분 정확하게 맞아. 신기하네."

"삼촌, 그런데 이장님의 할머니는 어떻게 이렇게 정확하게 몸속 기관들에 대해 알고 있었을까? 우리 몸을 열어서 관찰해 보지 않

국제단위계

1960년 국제도량형총회에서 국제적인 표준으로 채택한 단위계이다. 다음과 같은 7개의 기본 단위가 통일되었다.

	기본량	명칭	기호
1	길이	미터	m
2	질량	킬로그램	kg
3	시간	초	s
4	전류	암페어	A
5	절대온도	켈빈	K
6	광도	칸델라	cd
7	물질량	몰	mol

미라의 저주를 푸는 인체의 비밀

고는 알 수 없는 거잖아.”

“나도 그 점이 신기해. 사람을 해부해 보지 않고서는 그렇게 정확하게 알 수 없거든. 할머니가 마치 우리 대학교에서 의학 공부를 하신 것 같다.”

비는 점심때가 되어서야 그쳤다. 오전 내내 잠을 자고 일어난 모욱이는 할머니의 약손이 효과가 있었는지 다행히 배가 나았다.

“아빠다!”

채인이가 담장 밖을 바라보며 손을 흔들었다. 멀리서 하얀 자동차가 마을로 들어오고 있었다.

“저거 너희 아빠 차야?”

“응.”

아직 멀리 있는 차에서는 손을 흔드는 것도 보이지 않을 텐데 채인이는 계속 손을 흔들며 아빠를 기다렸다. 얼마 지나지 않아 채인이 아빠가 이장님 집 대문을 열고 들어왔다.

“안녕하세요?”

채인이 아빠는 어떤 남자분과 함께 왔다. 흰머리가 꽤 많이 보이고 주름살이 많았지만 굉장히 깔끔하고 멋진 신사였다. 채인이 아빠가 말했던 해부학 박사님인 것 같았다. 멋진 양복을 입고 반짝반짝 윤이 나는 구두를 신은 채인이 아빠와 해부학 박사님은 시골과는 그다지 어울리지 않는 차림새였다. 채인이가 아빠를 부르며 먼

저 뛰어나갔다.

"아빠!"

"채인아, 별일 없는 거지? 미라 조사는 잘되니?"

"네, 잘돼 가요."

채인이는 걱정하지 말라는 듯 활짝 웃었다.

"채인아, 여기."

채인이 아빠는 바지 주머니에서 줄자를 꺼내 주었다. 채인이가

미라의 저주를 푸는 인체의 비밀

줄자를 가져다 달라고 부탁한 모양이었다. 그러고 나서 채인이 아빠는 다른 손에 들고 있던 피자도 건네주었다. 피자를 본 모욱이의 눈이 커졌다.

"인사하거라. 아빠가 말했던 해부학 박사님이란다."

"안녕하세요?"

채인이가 인사할 때 나, 삼촌, 모욱이도 다 같이 고개 숙여 인사했다.

"누구요?"

이장님은 어느새 우리 옆에 와 있었다. 이장님의 표정을 보아하니 역시나 다른 지역의 사람이 온 게 싫은 눈치였다.

"안녕하세요? 채인이가 이야기하던 이장님이시군요. 저는 채인이 아빠입니다."

"계속해서 다른 지역에서 사람들이 오는구먼. 여기는 그렇게 막 오는 곳이 아니야. 어른들이 왔으니 이제 얼른 아이들 데리고 가시구려."

이장님의 반응에 채인이 아빠와 해부학 박사님은 무슨 영문인지 몰라 어리둥절했다. 다행히 우리가 처음 이곳에 왔을 때와 마찬가지로 할머니가 바로 상황을 정리해 주었다.

우리는 마루로 올라가 앉았다.

"여기 경치가 참 좋구나. 아주 마음이 편안해져."

해부학 박사님은 마을 풍경을 감상하며 감탄했다.

"혹시 이번에 해부에 관한 연구로 노벨 의학상 후보에 오르신 박사님 아니세요?"

삼촌은 해부학 박사님을 향해 조심스레 물었다.

"허허허, 맞네. 사실 정확하게 말하자면 생리의학상이지만 말이야. 그런데 자네가 그걸 어떻게 아나?"

"텔레비전에서 인터뷰하시는 걸 봤어요. 저는 대한의과대학교에 다니고 있는 학생입니다. 채인이 친구인 모미의 삼촌이고요. 실례가 안 된다면 사인 하나 받을 수 있을까요?"

삼촌은 흥분하여 박사님의 사인을 받겠다고 호들갑이었다.

'그렇게 대단한 사람이야?'

나는 삼촌을 쳐다보며 소리 없이 입 모양으로 물었다.

'그럼, 우리나라에서 제일가는 의사 선생님이야.'

삼촌도 역시 입 모양만으로 대답하면서 엄지를 치켜세웠다.

"허허, 내가 연예인이라도 된 것 같구먼."

박사님은 웃으며 종이 위에 멋지게 사인을 한 다음 삼촌에게 건네주었다.

"이건 저희 집안 대대로 보물로 간직하겠습니다. 그리고 저도 박사님처럼 우리나라에서 제일가는 의사가 되고 싶습니다."

"누구나 노력하면 훌륭한 사람이 될 수 있지. 자네도 노력한다면 나보다 더 훌륭한 의사가 될 수 있을 걸세."

삼촌이 초롱초롱한 눈빛으로 박사님에게 말했다.

"박사님 이야기를 듣고 싶어요."

"젊은 시절에 나는 오로지 해부를 잘하고 수술을 잘하는 것 이외에는 관심이 없었지. 남들이 해부 연습을 두 번 하면 나는 다섯 번 하고, 남들이 수술 연습을 열 번 하면 나는 스무 번도 넘게 연습했지. 그렇게 뛰어난 의사가 되겠다고 노력하던 어느 날, 갑자기 눈이 잘 안 보이기 시작했어. 눈물샘에 눈물이 부족했던 것이 원인이었지. 너희, 우리가 눈을 왜 깜박이는지 아니?"

모욱이는 눈을 깜박이며 대답했다.

"눈은 그냥 깜박이는 거라 이유를 생각해 본 적이 없는데요."

"그래, 맞다. 눈은 당연히 깜박이는 거라고 생각하니까 왜 그런지 생각해 볼 일이 없을 거야. 그런데 우리는 무의식적으로 몇 초에 한 번씩 눈을 깜박인단다. 그때 눈꺼풀 안쪽에 있는 눈물샘에서 눈물이 조금씩 흘러나오는 거야. 그래서 눈알도 잘 움직이게 하고 눈

> **눈물**
>
> 눈물은 눈물샘을 통해 몸 밖으로 나온다. 눈물은 각막의 표면을 유지하고, 노폐물이나 이물질을 세척하고, 눈을 통해 병균이 들어오지 못하도록 막는 역할을 한다.

알에 묻은 먼지도 제거해 주는 역할을 하지. 그런데 나는 눈물이 부족해서 눈이 많이 상했던 거란다. 지금이야 인공 눈물도 있고 치료 방법도 많아 큰 문제가 되지 않지만 그땐 그렇지 않았지."

"안경을 쓰면 되지 않나요?"

나는 눈이 나빠졌을 때 안경을 쓰면 간단하게 해결될 거라고 생각했다.

"안경? 안경은 사물의 초점이 ⊛망막에 정확하게 맞지 않을 때 쓰는 거란다. 사람이 어떤 물체를 볼 때, 물체에서 반사된 빛이 각막, 눈동자, 수정체, 유리체를 거쳐 망막에 초점이 맺히지. 그렇게 망막에 맺힌 ⊛영상이 시신경(시각신경)을 통해 뇌에 전달되어 우리가 물체를 인식할 수 있는 거야. 그런데 안경을 써야 하는 사람들은 영상의 초점이 정확하게 망막에 맺히지 않아서 사물이 흐릿하게 보이는 거란다. 근시인 사람들은 망막 앞쪽에 영상이 맺혀 사물이 뚜렷하게 보이지 않기 때문에 오목렌즈를 사용하여 영상이 더 뒤쪽에 맺힐 수 있도록 하고, 반대로 원시인 사람들은 망막 뒤쪽에 영상이 맺혀 사물을 잘 볼 수 없기 때문에 볼록렌즈를 사용하여 영상이 원래보다 더 앞쪽에 맺힐 수 있도록 하는 거지."

박사님은 말을 계속 이었다.

미라의 저주를 푸는 인체의 비밀

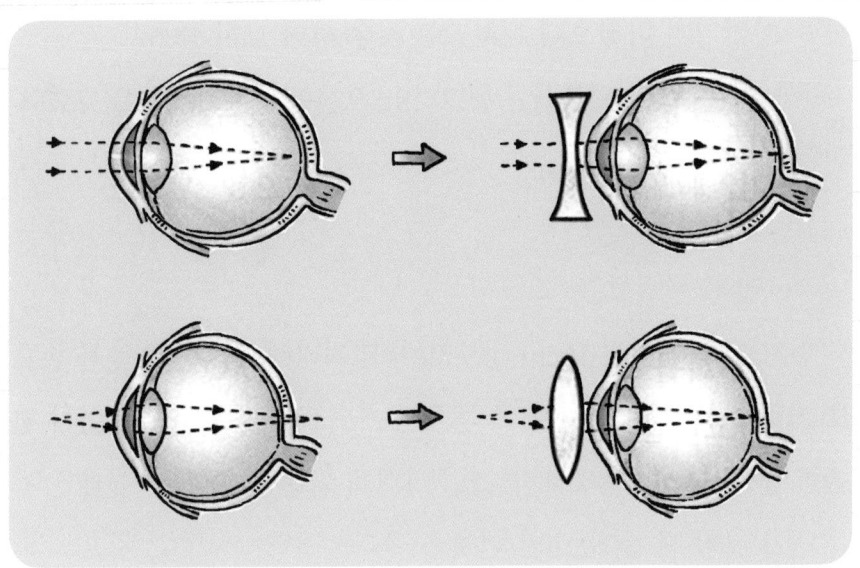

근시는 오목렌즈, 원시는 볼록렌즈를 이용하여 영상이 망막에 맺히도록 한다.

"그런데 나는 각막도 많이 손상되었고 수정체도 손상되어 수술을 결정했단다. 다른 사람을 수술해야 하는 의사로서는 쉽지 않은 결정이었지. 그래서 지금 이쪽 눈은 진짜 수정체가 아니라 인공적으로 만든 수정체란다."

박사님은 왼쪽 눈을 가리켰다.

"새로운 눈에 적응하는 것도 쉽지 않은 일이었단다. 일상생활에서는 큰 문제가 없었지만 1mm보다 작은 미세한 조직을 수술해야 하는 의사로서 다시 한번 남들보다 몇 배 더 많이 연습해야 했지."

우리는 진지한 자세로 박사님의 이야기를 들었다.

"눈 이야기가 나왔으니 재미있는 것을 하나 보여 줄까?"

박사님은 종이에 왼쪽에는 동그라미, 오른쪽에는 가위표를 그렸다.

"먼저 이 종이에서 10cm 정도 떨어진 거리에서 오른쪽 눈을 손으로 가려 보거라. 그리고 왼쪽 눈으로 가위표를 계속 쳐다보면서 천천히 종이에서 멀어져 보렴. 그럼 어떻게 되는 지 한번 해 볼래?"

"내가 먼저 해 볼게, 내가 먼저."

모욱이는 자기가 먼저 하겠다고 나섰다. 그런데 모욱이는 왼쪽 눈을 가리려고 했다.

"왼쪽 눈 말고 오른쪽 눈을 가리는 거야. 어휴, 참."

"치, 알겠어, 누나. 오른쪽 눈을 가리고 가위표를 바라보며 점차 종이에서 멀어지라고 했지?"

모욱이는 순서를 입으로 되짚으면서 그대로 따라 했다.

"우왓! 왼쪽에 있는 동그라미가 사라졌어요."

모욱이는 신기해하며 외쳤다. 우리도 모두 똑같이 따라 해 보았다. 그러자 신기하게도 왼쪽에 있는 동그라미가 보이지 않았다.

"참 신기하지? 그림과 우리 눈 사이의 간격이 20cm 정도가 될 때 동그라미가 사라졌지? 왜 그럴까? 그건 바로 **망막에는 상이 맺**

미라의 저주를 푸는 인체의 비밀

혀도 보이지 않는 맹점이 있기 때문이야. 맹점은 시신경이 모여 있는 부분인데, 맹점에는 눈으로 들어온 영상을 인식하는 시각세포가 없기 때문에 그런 현상이 생기지."

박사님은 눈에 관련된 이야기 이외에도 여러 가지 이야기를 해 주었다. 박사님의 이야기를 들으면서 나는 정말 배울 점이 많다고 느꼈다.

"정말 대단해요. 저도 박사님처럼 정말 열심히 노력해야겠어요."

삼촌은 주먹을 불끈 쥐었다. 그러자 박사님도 삼촌을 따라 웃으

며 주먹을 쥐어 보였다. 주먹을 쥔 박사님의 엄지손가락 쪽에는 흉터가 있었다.

"어? 박사님, 엄지손가락을 다친 적이 있는 거예요?"

"아, 이 흉터 말이지? 이것도 다 최고가 되겠다고 노력한 흔적이란다. 나는 원래 손가락이 6개였거든."

나는 깜짝 놀라 물었다.

"다지증 말인가요?"

"그래, 너희도 잘 알고 있구나. 많지는 않지만 더러 손가락이 6개인 사람들이 있지. 나는 그런 내 모습을 창피하게 생각하지는 않았지만 수술을 하는 데 자꾸 방해가 되었단다. 그래서 수술받기로 결심했지. 이건 그때 생긴 수술 자국이야. 눈과 마찬가지로 손을 수술받는다는 것은 의사에게는 굉장히 힘든 일이란다. 손을 수술받은 뒤에도 나는 의사로서 다시 사람들을 치료하는 데 필요한 감각을 찾기 위해 무진 애를 썼단다."

"다지증은 유전이라고 하던데, 박사님의 아빠나 엄마도 다지증이었나요?"

"나와 아버지만 다지증이었지. 할아버지는 다지증이 아니었고. 그런데 그게 왜 궁금하니?"

나는 박사님의 물음에 가볍게 대답했다.

"그냥 유전이라고 들어서 박사님은 부모님 중 누구를 닮았는지

미라의 저주를 푸는 인체의 비밀

궁금해서요."

채인이 아빠가 시계를 보며 말했다.

"박사님, 이제 일어나야겠는데요. 벌써 3시예요."

"아, 시간이 그렇게 되었나요? 회의 장소까지 가는 데는 3시간 정도 걸리지요? 그럼 지금 출발해야겠어요. 여기 있는 친구들과 이야기하다 보니 시간 가는 줄도 몰랐네요."

채인이 아빠와 박사님은 자리에서 일어났다. 박사님이 웃으며 우리에게 물었다.

"오늘은 어떤 조사를 할 계획이니?"

"오늘은 한옥마을 근처에 있는 초가집에 가서 미라 조사를 계속할 거예요. 우리 손으로 꼭 미라의 정체를 밝혔으면 좋겠어요."

나는 꼭 그렇게 해내고야 말겠다는 듯 씩씩하게 대답했다.

인체 퀴즈 4

망막에서 시신경이 모여 있는 곳으로 상이 맺혀도 인식할 수 있는 시각 세포가 없어서 물체가 보이지 않는 곳을 무엇이라고 하나요?

5

어디선가 들리는 소리

"할머니, 우리 초가집에서 하룻밤 지내도 되나요?"

나는 할머니에게 조심스럽게 부탁했다.

"물론이지. 그런데 초가집은 왜?"

"미라가 보관된 관리사무소에서 가까워서 조사하기 편할 것 같아서요. 그런데 이 사실을 이장님이 알면 크게 화낼 텐데 걱정이에요."

"아이고, 그 영감, 다른 지역 사람에 대한 심술도 좀 내려놓을 때도 됐지. 그건 내가 잘 말할 테니 걱정하지 말거라."

우리는 짐을 챙겨 바로 초가집으로 향했다. 초가집은 다시 봐도참 예뻤다. 초가지붕이며 담장 같은 것들이 잘 보존되어 있었다.

"그런데 왜 초가집으로 오자고 한 거야?"

미라의 저주를 푸는 인체의 비밀

채인이가 의아한 표정으로 물었다.

"나는 왠지 범인이 다시 올 것 같아. 여기서는 미라가 있는 관리 사무소가 잘 보이잖아."

확신할 수는 없지만 생각할수록 범인이 꼭 나타날 것 같은 예감이 들었다. 왜냐하면 우리의 조사를 막기 위해서 미라의 저주를 흉내 낸 쪽지까지 붙였는데, 우리가 조사를 계속하고 있기 때문이다.

115

아마 범인은 다시 한번 우리를 방해하려고 할 것이다. 물론 그게 오늘이 아닐 수도 있다. 하지만 우리에게는 남은 시간이 많지 않았다. 그러니 범인을 기다리는 것 말고는 다른 선택지가 없었다.

범인은 한참이 지나도 나타나지 않았다.

"아휴, 그럴 줄 알았어. 모미 누나가 그렇지, 뭘. 범인이 나타나겠어? 심심하기만 하네. 채인이 누나, 나 태블릿PC로 게임 좀 해도 돼?"

모욱이는 또 과자를 먹며 채인이의 태블릿PC로 게임을 했다.

"에고, 나도 모르겠다. 나타나려면 나타나고 말려면 말아라."

지루함에 지친 나는 결국 마루에 드러눕고 말았다. 채인이와 삼촌도 나를 따라서 마루에 누웠다. 초가집 지붕을 받치고 있는 나무 기둥이 눈에 들어왔다.

"어? 초가집에도 이런 큰 나무 기둥들이 있었네? 『아기 돼지 삼형제』라는 동화책에서 첫째 돼지가 지은 초가집을 늑대가 휙 하고 불어서 날려 버리는 장면이 나오잖아. 그래서 초가집은 굉장히 약할 거라고 생각했거든."

"그러게. 나도 초가집을 제대로 보기 전에는 그렇게 생각했는데, 지금 보니 나무 기둥들이 지붕을 받치고 있어서 아주 튼튼할 것 같아. 이 집은 늑대가 아무리 불어도 날아가지 않을걸."

채인이와 나는 초가집을 자세히 관찰했다.

"벽을 봐. 황토로 만들었지만 사이사이에 커다란 나무 기둥이 있어서 쉽게 무너지지 않는 거야. 집을 튼튼하게 지으려면 이런 나무 기둥 같은 뼈대가 중요해. 우리 몸에도 뼈가 있기 때문에 일어설 수 있는 거야. 만약 뼈가 없었다면 오징어나 문어처럼 바닥에 철푸덕 하고 납작하게 주저앉았을걸."

삼촌은 몸을 일으켜 세우고 벽을 만지면서 말했다. 삼촌의 말처럼 벽 사이사이에 있는 나무 기둥과 지붕을 받치고 있는 기둥이 초가집의 전체적인 형태를 이루고 있었다.

"모미야, 채인아, 우리 심심한데 범인이 나타날 때까지 재미있는 게임 하나 할까?"

"게임이요?"

"응, 우리 몸의 뼈와 초가집의 뼈대인 기둥은 둘 다 우리 몸과 초가

뼈의 역할

뼈는 사람의 골격을 이루는 가장 단단한 조직으로 몸의 형태를 유지하고, 중요한 내부 장기를 보호하며, 근육 작용의 지렛대 역할을 한다. 또한 칼슘이나 인 등 무기물의 저장고로서의 역할을 하고, 그 양을 조절하고 유지하는 데 관여한다. 뿐만 아니라 뼈 안쪽에 있는 골수를 통해 적혈구와 백혈구 등 여러 가지 세포가 분화하고 성장하도록 도와준다. 뼈가 잘 자라게 하기 위해서는 단백질과 칼슘을 충분히 섭취해야 하고, 몸속으로 들어온 칼슘의 흡수를 돕는 비타민D도 필요하다. 비타민D는 달걀노른자, 생선, 간 등에 들어 있지만 햇빛을 통해 몸속에서도 만들 수 있다.

집을 지탱해 준다는 공통점이 있어. 뼈대에 뭔가 덧붙여서 만들어졌다는 점도 비슷하고. 몸은 살을 붙이고 초가집은 흙과 볏짚을 붙이니까. 그렇다면 차이점은 뭘까? 하나씩 돌아가면서 이야기해 보자."

"좋아, 그럼 내가 먼저 한다. 뼈는 하얀색이고, 나무 기둥은 갈색이야."

나는 다른 사람이 말하기 전에 눈에 보이는 것부터 먼저 이야기했다.

"그건 당연한 거잖아. 그런 거 말고 좀 수준 높은 거 없어? 내가 하는 걸 잘 보란 말이야. 초가집 기둥의 수는 처음 집을 지을 때 그대로 계속 유지되지만, 우리 몸의 뼈는 시간이 지나면서 그 수가 변해. 갓 태어난 아기일 때는 300개가 넘는 뼈가 있어. 그런데 어른이 되면서 대략 206개로 그 수가 줄어들지. 처음에는 세세하게 나뉘어 있던 뼈들 중에 일부가 붙어서 하나의 뼈가 되는 거야. 신기하지?"

삼촌은 잘난 체하듯 어깨를 으쓱했다. 나보다 더 멋지고 과학적인 대답을 했다는 뜻이었다.

"그럼 이제 내 차례지? 뼈는 부러져도 스스로 붙어요. 부러진 부분을 잘 이어 놓으면 부러졌던 자리에 새로운 뼈가 자라 붙게 되는 거예요. 병원에 가면 잘 이어 놓은 부분이 고정될 수 있도록 ★깁스를 해 줘요."

"우와, 채인이도 대단한데! 나도 질 수 없지. 나무 기둥은 모두 딱딱하지만 사람의 뼈는 물렁한 것도 있어. 코나 귀에는 물렁한 뼈가 들어 있지."

게임을 하던 모욱이가 우리 이야기를 듣고는 한마디 거들었다.

"누나! 관절에도 물렁한 뼈가 있어."

"그래? 그걸 네가 어떻게 알아?"

"족발 먹을 때 봤어. 다리 관절에 물렁한 뼈가 있더라고."

"또 먹는 이야기야? 우리는 사람 뼈에 대해서 말하는 건데 웬 돼지 뼈 이야기야. 하여튼 먹는 거라면 빠지지 않는다니까."

내가 모욱이에게 핀잔을 주자 삼촌이 말리며 이야기했다.

"모욱이가 좋은 이야기를 했는데 칭찬 좀 해 주렴. 모욱이의 말처럼 관절, 그러니까 뼈와 뼈가 만나 움직이는 부분에는 물렁한 뼈가 있어. 이렇게 물렁한 뼈를 연골이라고 하는데, 몸이 부드럽게 움직일 수 있도록 도와주지. 그런데 이 연골 조직은 척추동물에게만 있는 특별한 조직이래. 신기하지? 어, 벌써 내 차례야?"

삼촌은 차이점을 생각하느라 잠시 머뭇거렸다.

"이걸 들으면 더 신기할 거야. 뼈에서는 피를 만들어. 뼈 안에 있는 빈 공간에는 골수가 채워져 있는데, 이 골수에서는 혈액에서 중요

> **★ 깁스**
> 석고와 같이 빠르게 굳는 물질을 이용하여 부러진 부분을 붕대로 고정하는 치료 방법.

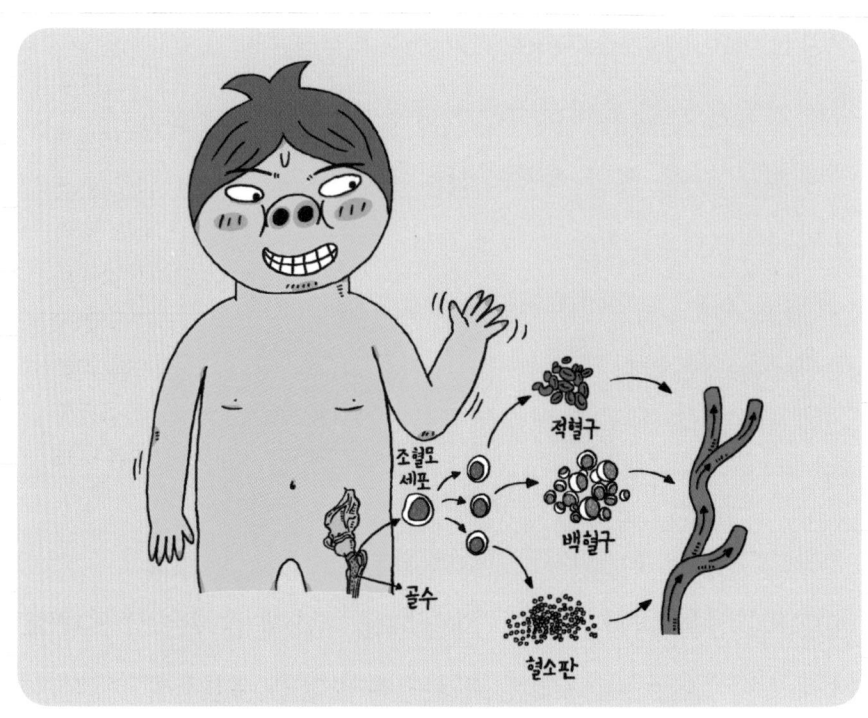

뼈에 있는 골수에서 적혈구, 백혈구, 혈소판이 만들어진다.

한 역할을 하는 적혈구, 백혈구, 혈소판을 만들어서 각 혈관으로 보내고 우리 몸을 돌게 하지. 어렸을 때는 거의 모든 뼈에서 피를 만든다고 해. 그런데 나이를 먹으면서 척추와 골반처럼 크기가 큰 뼈들이 혈액을 만들어 내는 역할을 담당한대.”

“피를 만드는 곳이 뼈였다니 정말 몰랐어요. 완전히 숨겨진 비밀 장소 같아요. 그럼 이제 내 차례니까…….”

“야호!”

채인이가 말을 하려는 순간 드디어 게임 최고 기록을 세웠다며 모욱이가 크게 소리쳤다.

"야, 좀 조용히 해! 깜짝 놀랐잖아."

"그래, 삼촌도 놀랐어."

"미안, 기분이 좋아서 나도 모르게 그만."

모욱이가 사과했다. 그때, 갑자기 빵이가 으르렁대며 짖기 시작했다.

"거봐. 빵이도 네가 소리 지르는 거 싫다고 하잖아."

모욱이는 미안하다면서 빵이를 달래 주었다. 그런데도 빵이는 한참을 더 으르렁대고 나서야 짖는 것을 멈추었다.

모욱이는 이제 게임도 지루해졌는지 그만두었다. 우리도 나무 기둥과 뼈의 다른 점 말하기 게임을 멈추고 범인이 나타나기를 기다렸다. 범인이 정말로 나타날지 안 나타날지도 모른 채 무작정 기다리는 것은 굉장히 지루하고 힘든 일이었다. 그때였다.

"무슨 소리 들리지 않아?"

밖에서 자꾸만 이상하게 우는 것 같은 소리가 들렸다.

"무슨 소리?"

모욱이는 잠시 조용히 바깥에서 나는 소리에 집중했다. 그러더니 이내 짜증을 냈다.

"소리는 무슨 소리? 아무 소리도 안 들리는데."

골수에서 만드는 혈액세포

- 적혈구 : 혈액의 주요 성분 중의 하나로 가운데가 오목한 원반 모양이며, 헤모글로빈이 있어 붉은색을 띤다. 헤모글로빈이 산소와 결합하여 산소를 운반하는 작용을 한다.
- 백혈구 : 몸속에 침입한 세균을 잡아먹는 식균 작용을 한다. 우리 몸이 세균에 감염되면 백혈구 수가 증가한다.
- 혈소판 : 다쳤을 때, 혈액을 굳히고 딱지를 만들어 피를 멈추게 한다. 혈소판 수가 정상보다 적으면 혈액의 응고가 늦어진다.

※ 크기 : 백혈구 > 적혈구 > 혈소판
※ 개수 : 적혈구 > 혈소판 > 백혈구

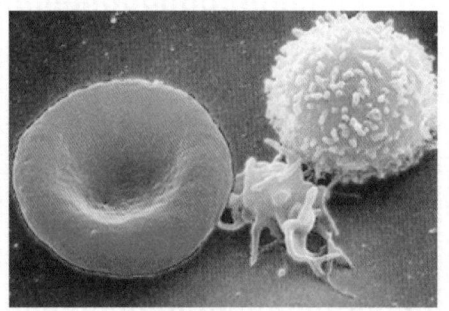

적혈구(왼쪽), 혈소판(가운데), 백혈구(오른쪽)의 모습

"아니야, 나도 무슨 소리가 들려. 가만히 들어 봐. 사람 목소리 같은데⋯⋯."

우리는 채인이의 말에 모두들 숨을 죽이고 조용히 귀를 기울였다.

"날 가만히 내버려 둬. 그렇지 않으면 너희를 죽음의 날개에 닿

미라의 저주를 푸는 인체의 비밀

게 하리라.”

“미라의 저주야!”

모욱이가 깜짝 놀라 소리쳤다. 서늘한 느낌이 등줄기를 타고 머리 꼭대기까지 올라왔다. 머리카락이 쭈뼛 서는 것만 같았다. 신경 써서 듣지 않으면 들리지 않을 만큼 작은 소리였다. 하지만 분명히 우리가 미라를 조사할 때 발견한 쪽지에 적힌 그 말이 어디선가 들려오고 있었다.

“모미야, 무서워.”

삼촌은 겁을 잔뜩 집어먹은 모습이었다.

“삼촌! 어린이들한테 무섭다고 하는 어른이 어디 있어? 겁내지 말고 얼른 나가서 누가 말하는 건지 찾아보자.”

종일 기다린 범인이 드디어 나타났다는 생각에 나는 곧장 밖으로 나가 소리가 들리는 곳을 찾아보았다. 내 뒤를 따라 채인이가 밖으로 나왔다. 모욱이와 삼촌도 마지못해 따라 나왔다.

삼촌은 정신을 가다듬으려고 노력하며 두 손바닥으로 얼굴을 찰싹찰싹 두드렸다.

“그런데 너희, 우리가 소리를 어떻게 듣는지 알아? 소리는 귓바퀴를 타고 들어와서 귓구멍 안쪽에 있는 고막을 진동시켜. 그리고 그 진동은 달팽이관에 전달되고, 달팽이관 안에 들어 있는 림프액의 파동을 만들어 내지. 림프액의 파동은 다시 유모세포를 자극하고, 청신

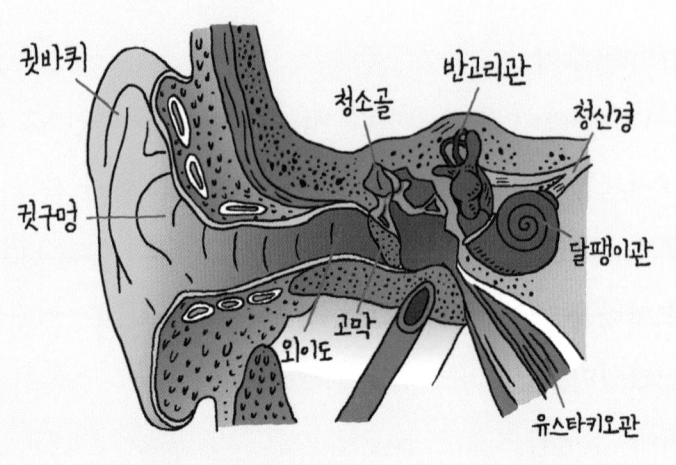

귀에 있는 청각기관을 통해 소리를 들을 수 있다.

경을 통해 대뇌로 소리를 전달하는 거야. 잠깐만, 그림을 그려서 설명하면 훨씬 좋은데……."

삼촌은 무섭고 떨리는 상황에서도 우리 몸에 대해 설명하면서 펜을 찾으려고 주머니를 뒤졌다.

"삼촌! 삼촌 때문에 소리가 더 안 들리는 것 같아. 지금은 삼촌의 설명이 하나도 도움이 안 돼."

"아, 미안. 그런데 소리가 귀를 통해 전달되는 과정을 설명하다 보니 좋은 생각이 떠올랐어."

"그게 뭔데?"

나는 눈을 크게 뜨고 삼촌을 바라보았다.

미라의 저주를 푸는 인체의 비밀

"안 가르쳐 줘. 귀에 대한 설명이 하나도 도움이 안 된다면서?"

삼촌은 아까 내가 한 말에 토라졌는지 팔짱을 끼며 고개를 휙 돌렸다.

"미안, 미안. 소리도 잘 안 들리고 빨리 못 찾으니까 조급해서 그런 거야. 소리가 나는 곳을 찾을 수 있는 좋은 방법이 뭐야?"

"소리는 귓바퀴를 타고 들어온다고 했잖아. 그러니까 더 많은 소리가 모일 수 있도록 양손을 귀에 갖다대서 귓바퀴를 크게 만들어 주는 거야, 이렇게."

삼촌은 손바닥을 살짝 오므린 상태로 양쪽 귀 뒤에 갖다댔다. 종종 잘 듣지 못했다는 몸짓으로 손을 귀에 붙이기도 하지만 양손으로 하니 그 모습이 마치 원숭이 같았다. 조금 엉터리 같았지만 나도 채인이도 귀에 양손을 붙이고 소리가 나는 곳을 찾기 시작했다. 삼촌의 귓바퀴 크게 만들기 작전이 성공한 듯 다가갈수록 점점 소리가 커지는 곳이 있었다. 채인이와 나는 손을 꼭 붙잡고 천천히 소리가 나는 곳으로 다가갔다. 빽빽하게 풀이 자라 있는 곳에서 소리가 들려왔다.

사람은 보이지 않았다. 나는 풀을 헤집고 그 사이로 천천히 손을 뻗었다. 금방이라도 무언가가 내 손을 쑥 잡아당길 것만 같아서 심장이 쿵쾅쿵쾅 뛰었다. 손끝에 딱딱한 물체가 만져졌다.

"악!"

나는 깜짝 놀라 손을 확 잡아 뺐다. 덩달아 놀란 삼촌과 모욱이가 동시에 뒤로 넘어지면서 엉덩방아를 찧었다. 나는 심호흡을 한 번 크게 한 다음 다시 풀숲 사이로 손을 집어넣었다.

"이게 뭐지?"

나는 방금 만졌던 그 딱딱한 물체를 집어 들었다.

"스피커잖아?"

채인이가 내 손에 있는 하얀색 물건을 보고 말했다. 미라의 저주가 스피커를 통해 계속해서 흘러나왔다.

"누가 이런 짓을……"

삼촌은 아직도 무서운지 말을 잇지 못했다.

"당연히 미라의 저주를 써 놓았던 범인이겠지. 그런데 아무런 연결도 안 되어 있는 스피커에서 어떻게 소리가 나오지?"

나는 전기장치도 없이 달랑 놓여 있는 스피커에서 소리가 나는 것이 신기했다.

"블루투스일 거야."

"블루투스?"

우리는 모두 채인이의 말에 똑같이 되물었다.

"응, 텔레비전이나 컴퓨터같이 소리를 재생하는 기계에 무선으로 스피커를 연결하는 방식이야. 지금 이 스피커도 소리가 재생되는 어떤 장치에 무선으로 연결되어 있을 거야."

채인이는 풀숲을 헤집으며 혹시 주변에 무슨 장치가 있는지 찾아보았다.

"채인이 누나, 그럼 이장님이 범인일까? 이장님이 마을에 방송했잖아. 그 방송 장치와 연결되어 있는 거 아니야?"

"아니, 블루투스는 그렇게 먼 거리까지는 연결 못 해. 약 15m 거리 안에서만 서로를 연결할 수 있어."

채인이는 모욱이의 추리에 고개를 저으며 주머니에서 줄자를 꺼내 들었다. 낮에 채인이 아빠가 가져다준 줄자였다. 우리는 줄자를 이용해 스피커가 발견된 곳을 중심으로 반지름이 15m인 원을 그리기로 했다. 그 원을 벗어나면 스피커와의 거리가 15m보다 멀어져서 블루투스 연결이 끊어지기 때문이다. 즉, 우리가 찾으려는 장치는 스피커가 발견된 곳을 중심으로 반지름이 15m인 원 안에 있다는 의미였다. 우리는 스피커에서 동서남북 네 방향으로 15m씩 재어 각각 한 방향에 한 명씩 섰다. 나는 삼촌을 마주 보고 채인이는 모욱이를 마주 보았다. 나와 삼촌 사이의 거리는 30m나 되었기 때문에 생각보다 넓은 원이 만들어졌다.

"어휴, 그런데 여기를 언제 다 찾아보지?"

모욱이는 한숨을 내쉬며 말했다. 삼촌도 너무 넓다며 일단 모여 보자고 했다. 우리는 아까 서 있던 15m의 끝부분에 각자 표시를 해 두고 다시 스피커를 발견했던 풀숲으로 모였다.

나는 모욱이를 향해 큰 소리로 말했다.

"뭐야, 얼마 안 되네. 이 정도는 넓은 것도 아니야!"

"삼촌, 이 정도면 얼마나 넓은 거야? 누나가 계속 안 넓다고 우기니까 정확한 단위로 이야기해 줘. 이것도 넓이를 재는 것이니까 기준이 되는 단위가 있겠지?"

삼촌은 아까 설명해 준 것을 잘 기억하고 있는 모욱이가 기특하다는 듯 빙긋 미소를 지었다.

"그럼, 당연히 넓이도 그 크기를 재는 기준 단위가 있지. 여러 가지가 있는데, 우리가 지금 반지름의 길이를 미터로 쟀으니까 제곱미터를 사용하면 돼. 채인이와 모미는 배워서 알고 있지?"

삼촌의 질문에 채인이가 곧바로 대답했다.

"네, 가로의 길이와 세로의 길이가 모두 1m인 정사각형의 넓이를

미라의 저주를 푸는 인체의 비밀

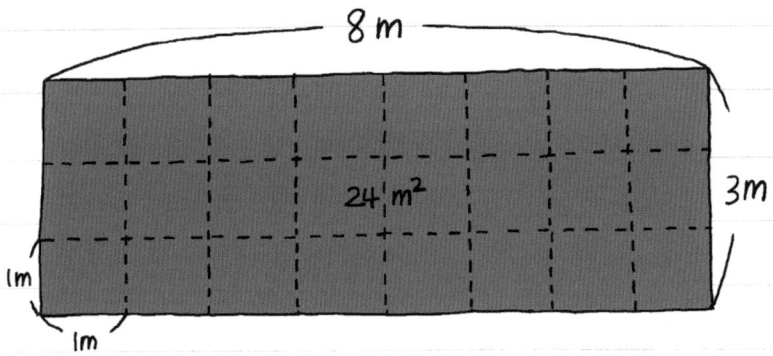

(m²라고 하는 거 맞죠?"

"그래, 그 단위 넓이를 이용해서 넓이를 재는 거야. 예를 들어 가로가 8m, 세로가 3m인 직사각형 모양의 땅은 1m²의 단위 넓이가 8개씩 3줄이 있는 것이므로 8×3으로 계산하면 단위 넓이가 24개 있는 것과 같아. 그래서 그 땅의 넓이는 24m²인 거지. 이렇게 단위 넓이의 개수만 세면 돼. 간단하지?"

"삼촌, 그런데 이건 직사각형이 아니라 원이잖아. 그럼 정사각형의 단위 넓이로 딱 나눌 수 없을 것 같은데."

"맞아, 그냥 단위 넓이를 세는 방법으로는 원의 넓이를 알기 어렵지. 그래서 원을 자르고 다시 붙여서 직사각형을 만들어야 해."

"원을 직사각형으로 만든다고요? 원은 곡선으로 이루어져 있는데 어떻게 직선으로 만들 수 있어요?"

채인이가 깜짝 놀라 물었다.

"아! 잠깐만 집에 가자."

삼촌은 좋은 생각이 떠오른 듯 방으로 들어가서 아까 남겨 두었던 피자를 가지고 마루에 나왔다.

"자, 피자를 여덟 조각으로 똑같이 나누어서 각각의 피자 조각을 이어 붙이는데, 뾰족한 부분을 서로 엇갈리게 붙이는 거야. 어때? 조금 직사각형 같아졌지?"

"그런가? 직사각형이라기보다는 약간 평행사변형 같지 않아? 양 옆이 기울어져 있잖아."

나는 기울어진 옆 부분을 가리켰다.

"그럼 이건 어때?"

삼촌은 8개의 피자 조각을 각각 다시 반으로 잘랐다. 그래서 모두 16조각이 되었다. 아까와 같은 방법으로 이어 붙이니 훨씬 더 직사각형에 가까워졌다.

"이렇게 계속 작게 잘라서 이어 붙이면 점점 직사각형에 가까워질 거야. 이때 직사각형의 세로의 길이는 원의 반지름과 같지."

"그럼 가로의 길이는요?"

"채인이 네가 한번 생각해 볼래? 가로의 길이는 무엇으로 이루어져 있는지 생각해 보면 금방 알 수 있을 거야."

"직사각형의 가로는 원에서 둥근 부분이었던 곳이고…… 위아래로 2개의 가로를 만들어 냈으니 직사각형의 가로의 길이는 원의 둥근 부분 길이의 절반이에요."

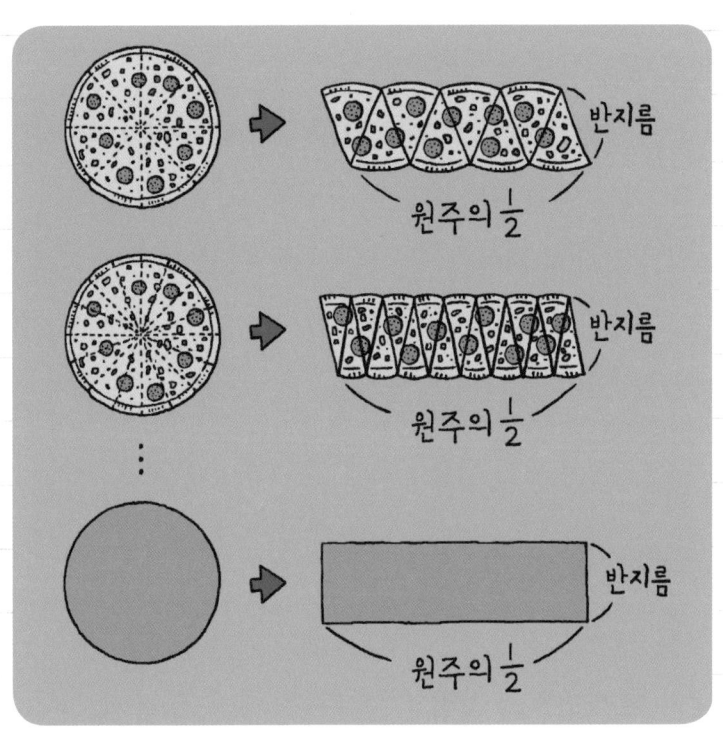

　채인이는 삼촌이 만들어 놓은 직사각형의 피자를 바라보면서 대답했다. 원으로 만든 직사각형이 신기했다.

　"그럼 우리는 반지름의 길이가 15m라는 것을 알고 있으니까 원둘레(원주)의 길이만 알면 되겠네. 삼촌, 내가 나가서 재어 보고 올까?"

　"아니야, 그럴 필요 없어. 반지름만 알아도 원둘레를 바로 알 수 있거든. 왜냐하면 원의 **지름과 둘레 사이에는 일정한 비율이 있는데, 바로 원주율 π야.** π는 끝이 없는 수라서 숫자로만 나타내기는 어렵지만 **대략 3.14 정도라고** 생각할 수 있지. 그래서 지름에 3.14를 곱하면 바로 원의 둘레를 알 수 있어."

수학을 이용해서 이렇게 쉽게 원의 둘레를 알아낼 수 있다는 게 신기했다. 직접 밖에 나가 줄자로 길이를 재는 수고를 하지 않고도 수학적인 방법으로 계산할 수 있다는 게 재미있었다.

"좋아, 그럼 내가 직사각형 가로의 길이를 구해 볼게. **원둘레의 길이는 지름×3.14**이고, 직사각형의 가로는 2개가 있으니까 이것을 다시 반으로 나눠야 해. 뭐야, 그럼 사각형의 가로 길이는 결국 반지름×3.14네. 지름을 반으로 나눈 것이 반지름이니까."

"모미야, 그럼 넓이는 내가 구해 볼게. 세로의 길이와 가로의 길이를 서로 곱하면 직사각형의 넓이가 되니까 세로의 길이인 반지름에 네가 구한 가로의 길이를 곱하면 되겠다. 그럼 **반지름×반지름×3.14가 원의 넓이**겠네."

채인이와 힘을 합쳐 원의 넓이를 구하는 방법을 알아내니 정말 기분이 좋았다.

> **원주율(π)**
> 원주율은 원의 둘레의 길이를 원의 지름으로 나눈 값으로 원의 크기와 상관없이 일정하다. 실제로 원주율은 3.14159265358979323846264338327950288……로 끝없이 계속되는 소수이기 때문에 근삿값인 3.14를 주로 사용한다.

"그래, 맞아. 그게 바로 원의 넓이를 구하는 방법이야. 그럼 우리가 만든 원의 넓이는 $15 \times 15 \times 3.14$니까 706.5m^2야. 보통 교실의 넓이가 65m^2이니까 교실 11개 정도 되는 넓이지."

"그것 봐, 내가 넓다고 했잖아."

교실을 11개나 샅샅이 살펴봐야 한다고 생각하니 모욱이의 말처럼 너무 넓다는 생각이 들었다. 하지만 단서가 될 물건을 두고 쉽게 포기할 수는 없었다.

"아마 범인은 우리가 초가집에 있다는 사실을 아는 사람일 거야. 그러니 이런 걸 설치해서 우리를 놀라게 했겠지. 그렇다면 범인이 초가집 가까이 오려고 했을까? 들킬지도 모르는데. 내가 만약 범인이라면 초가집 가까이로는 오지 못했을 거야. 그러니까 초가집에서 먼 쪽을 먼저 찾다 보면 뭔가를 찾을 수 있을지도 몰라."

우리는 모욱이와 삼촌을 설득해서 706.5m^2의 풀숲을 꼼꼼히 찾아보기 시작했다.

"찾았다!"

얼마 지나지 않아 채인이가 손을 번쩍 들고 소리쳤다. 넓은 곳을 찾다 보니 자칫 찾지 못하거나 시간이 오래 걸릴 수도 있었는데 정말 운이 좋게도 빨리 찾아낸 것이다.

"뭐야?"

나는 채인이 쪽으로 달려가며 물었다.

"⭐MP3 플레이어야, 음악 들을 때 사용하는 거. 음악 파일을 넣으면 언제든지 스피커나 이어폰을 이용해서 들을 수 있지."

채인이는 MP3 플레이어를 내게 내밀었다.

"그럼 네가 가지고 있는 태블릿PC랑 비슷한 거네?"

"응, 태블릿PC나 스마트폰에는 대부분 MP3 플레이 기능이 있으니까. 잠깐 재생을 멈춰 볼게."

채인이가 멈춤 버튼을 누르자 스피커에서 흘러나오던 미라의 저주가 멈췄다.

"진짜네. MP3 플레이어를 멈추자마자 소리도 딱 멈췄어. 그럼 범인이 지금 이 근처에 있다는 건가? 이걸 설치하고 멀리 가지는 못했을 테니까 말이야."

"모미야, 잠깐만."

주변을 살피려고 뛰쳐나가는 나를 채인이가 막아섰다.

"소리가 재생된 지 이미 1시간이 넘었다고 나와. 아마 처음에는 아무 소리도 들리지 않게 해 놓았다가 한참이 지난 후에 미라의 저주가 나오도록 해 놓은 것이겠지. 범인은 이미 1시간 전에 스피커를 설치해 놓고 여길 빠져나갔을 거야."

"1시간 전? 우리 1시간 전에 뭐 하고 있었지?"

미라의 저주를 푸는 인체의 비밀

"나는 아까 채인이 누나 태블릿PC로 게임하고 있었고, 누나들이랑 삼촌은 무슨 뼈 게임을 하고 있었잖아. 여기 봐, 내가 최고 기록을 세운 시간. 지금은 9시 32분이고 최고 기록을 세운 시각이 8시 32분이니까 딱 1시간 전이네."

모욱이는 채인이의 태블릿PC를 나에게 내밀었다.

채인이는 혼잣말로 중얼거렸다.

"그때 빵이가 엄청 짖어 댔는데…….."

"아! 그때 빵이는 범인의 소리를 들었던 거야! 개는 사람보다 청각이 더 발달했거든. 범인의 인기척을 들어서 그렇게 짖은 거야."

모욱이가 확실하다는 듯 주먹을 세워 다른 쪽 손바닥을 내리쳤다.

"어? 잠깐만, 그런데 조금 이상한 점이 있어. 우리는 계속 이장님 집에서 지내다가 오늘에서야 초가집으로 왔어. 그것도 미리 계획해서 옮긴 것이 아니고 갑작스럽게 정한 거잖아. 그런데 여기에 이런 장치를 설치해 놓은 건 범인이 우리가 여기에 올 거라고 이미 알고 있었다는 말이야."

"그럼 우리 계획을 알고 있는 사람 중에 범인이 있다는 거야?"

"우리의 계획을 알고 있는 사람이 누구지?"

"할머니가 알고 있지. 할머니에게 말하고 여기로 왔잖아."

삼촌이 낮은 목소리로 대답했다.

"할머니가 이장님에게 이야기했다면, 아마 이장님도 알고 있을 거야."

모욱이도 조용하고 작은 목소리로 말했다.

"또 있나? 이제 우리 계획을 아는 사람이 없는 거 같은데……."

"아니야, 채인아. 우리의 계획을 아는 사람이 또 있어."

나는 채인이의 말을 잘랐다.

"응? 그게 누군데?"

"바로 너희 아빠야. 그리고 같이 오셨던 박사님까지."

"맞아, 아까 모미 누나가 초가집에 갈 거라고 말했잖아."

"뭐야? 그럼 우리 아빠가 범인이라는 거야? 모미야! 너 어떻게 우리 아빠를 의심할 수 있어?"

채인이는 서운한 표정으로 크게 소리쳤다. 나도 채인이에게 그렇게 말한 것이 못내 미안했다.

"채인아, 아니야. 우리의 계획을 알고 있는 사람 중에 너희 아빠가 있다는 말이지 너희 아빠가 범인이라는 뜻은 아니야."

"그게 그 말이지 뭐야? 모욱아, 태블릿PC 이리 줘 봐. 우리 아빠가 범인이 아니라는 걸 증명해 줄게. 범인은 1시간 전에 이 장치를 설치했어. 그런데 아빠가 있는 회의 장소는 여기에서 차로 3시간이 넘게 걸려, 맞지? 여기에서 3시간 전에 출발한 아빠가 이런 장치를 설치할 수는 없어. 그러니까 내가 전화해서 물어보면 우리 아빠가 범인이 아니라는 게 확실히 밝혀질 거야."

채인이는 태블릿PC로 아빠에게 화상전화를 걸었다.

"아빠, 지금 어디예요?"

"회의 중이지. 마침 지금은 쉬는 시간이란다."

"회의 장소까지 가는 데 차는 안 막혔어요? 얼마나 걸렸어요?"

"안 그래도 휴일이라 그런지 엄청 막히더구나. 4시간도 넘게 걸린 것 같아."

화상전화를 통해 보이는 장소는 분명히 회의장이었다. 채인이 아빠도 뭔가 숨기는 기색은 전혀 없었다.

"박사님도 같이 있어요?"

"응, 저기 보이지? 다른 사람들과 이야기 나누고 있어."

채인이 아빠가 화면을 박사님 쪽으로 옮기자 사람들과 대화하고 있는 박사님이 보였다.

"됐지? 이제 우리 아빠랑 박사님은 범인이 아닌 게 확실하지?"

"그래그래. 나는 결코 너희 아빠가 범인이라고 하지 않았어, 채인아."

나는 화가 난 채인이를 달래며 초가집으로 들어갔다.

인체퀴즈 5

반지름의 길이가 3m인 원의 넓이는 얼마일까요?

미라의 저주를 푸는 인체의 비밀

6

피 묻은 나무

채인이는 방에 들어온 뒤에도 한동안 말이 없었다. 아빠가 범인일지도 모른다고 의심받았던 것 때문에 몹시 속상한 것 같았다.

"범인은 왜 우리의 조사를 막는 거지?"

모욱이가 한쪽으로 고개를 기울이며 물었다.

"글쎄, 그건 아직 모르겠어. 하지만 미라의 정체가 밝혀지면 범인의 정체도 밝혀질 거야."

"미라의 정체를 어떻게 밝히지? 이제 시간도 별로 없잖아. 범인이 와서 미라를 망가뜨릴지도 모르고."

삼촌이 걱정스럽게 말했다.

"이장님을 설득해야 해. 미라를 연구실로 보내야 한다고 말이야."

139

우리는 이장님을 설득하기 위해 이장님 집으로 향했다.

이장님 집으로 돌아오자 할머니가 우리를 맞았다.

"오늘은 초가집에서 보낸다더니 왜 그냥 왔어? 내가 따뜻하게 지내라고 불도 피워 놨는데."

이장님이 버럭 소리를 질렀다.

"뭐야? 집으로 간 게 아니라 초가집으로 간 거였다고? 누구 맘대로 초가집에 함부로 가는 거야?"

미라의 저주를 푸는 인체의 비밀

"아이고, 영감, 내가 가라고 했어요. 왜 그렇게 소리를 지르고 그 래요? 귀청 떨어지겠네."

나는 할머니에게 속삭이듯 물었다.

"할머니, 우리 초가집에 간다고 이장님에게 말 안 하셨어요?"

"저 심술궂은 영감이 또 역정을 낼 게 분명한데 괜히 뭐 하러 이 야기하겠니?"

할머니의 말에 채인이와 나 그리고 삼촌은 서로를 바라보며 고 개를 끄덕였다. 내가 알아챈 사실을 삼촌과 채인이도 알아챈 것 같 았다. 모욱이만 영문을 모르겠다는 얼굴로 채인이와 삼촌을 번갈 아 바라보았다. 그러자 채인이는 모욱이에게 귓속말로 이야기를 해 주었다. 이장님은 범인이 아니라는 사실을 말이다. 우리가 초가 집에 간 것을 모르고 있던 이장님은 미라의 저주 목소리 장치를 설 치한 사람일 수 없었다. 모욱이도 고개를 끄덕였다.

나는 이장님에게 간절하게 부탁했다.

"이장님, 미라를 연구실로 보내 조사하고 연구할 수 있도록 해 주 세요, 네?"

"또 그 이야기냐? 지난번에도 분명히 말했지만, 나는 다른 지역 사람이 우리 마을 일에 끼어드는 것을 원치 않는다. 머잖아 마을 사람들하고 장례를 치를 것이니 딴말하지 말아."

이장님은 여전히 완강했지만, 나는 계속해서 이장님을 설득했다.

다음 날, 나와 채인이는 아침부터 이장님을 졸졸 쫓아다녔다. 그리고 잠시 뒤 잠에서 깬 삼촌과 모욱이도 함께 이장님 뒤를 따라다녔다.

"너희가 아무리 그렇게 쫓아다녀도 내 마음은 바뀌지 않는다고. 괜히 힘 빼지 말아!"

이장님은 단호하게 말하고 우리에게서 등을 돌렸다.

"어이쿠!"

이장님은 ★ 댓돌을 밟고 올라서려다가 발을 헛디뎌 그만 넘어지고 말았다.

"이장님, 괜찮으세요?"

"영감, 괜찮아요?"

우리는 깜짝 놀라 이장님을 부축했다. 살갗이 까진 이장님의 정강이에 피가 맺히기 시작하더니 이내 핏방울이 주르륵 흘렀다.

"피가 나네. 조심 좀 하시지 않고."

할머니가 인상을 찌푸리면서 걱정했다.

"별것도 아닌 일에 웬 호들갑들이야? 약 좀 바르고 반창고 붙이면 금방 나을 텐데, 뭐. 임자, 방에 가서 빨간약 좀 가지고 오구려."

이장님은 대문 앞에 있는 수돗가에서 상처가 난 부분을 흐르는 물에 잘 씻은 다음 조심조심 마루로 발걸음을 옮겼다.

★ **댓돌**
집 안으로 오르내릴 수 있도록 마루 아래에 놓은 돌계단.

미라의 저주를 푸는 인체의 비밀

"빨간약 지난번에 다 썼잖아요. 새로 사다 놓는다고 하고는 깜빡했네요. 저번에 읍내에 나갔을 때 사 왔어야 했는데."

"이장님, 제가 치료를 좀 해 드릴게요."

삼촌이 마루 위로 오르면서 말했다.

"괜찮아, 신경 쓰지 마."

"아니에요, 이장님. 우리 삼촌은 지금 의대에 다니고 있어요. 의사 선생님이 되는 대학교요. 아마 의사 선생님처럼 잘 치료해 줄 거예요."

나와 채인이는 얼른 마루에 올라 할아버지를 눕혔다.

"이 녀석들이, 괜찮대도 그렇…… 윽!"

이장님은 상처 난 부분이 많이 아픈지 말을 다 잇지 못하고 얼굴을 찡그렸다.

"모욱아, 삼촌 가방 좀 가져다줄래?"

곧이어 모욱이가 삼촌 가방을 가지고 왔다.

"이장님, 응급 처치를 정말 정확하게 잘하셨어요. 흐르는 물에 씻은 것 말이에요."

삼촌이 웃음 지으며 가방에서 상처 치료에 필요한 도구를 꺼냈다.

"상처 난 곳에 흙이 묻어 있으니까 그렇지. 당연한 거 아니야?"

이장님이 퉁명스럽게 말했다.

"이장님은 미세먼지에도 관심이 많으시고, 상처 치료 상식도 뛰어나신 것 같아요."

"아니, 그럼 그것도 몰라? 시골에 살아도 그런 것쯤은 다 알고 있어. 도시 사람만 알고 있는 것이 아니란 말이지."

이장님의 말투는 여전히 퉁명스러웠지만 처음 이곳에 왔을 때보다 부드러웠다.

"삼촌, 그럼 상처가 났을 때 가장 먼저 해야 하는 일이 씻는 거야?"

삼촌이 이장님을 치료하는 모습을 구경하다가 모욱이가 물었다.

"아니, 가장 먼저 할 일은 지혈이야. 피가 나지 않게 하는 거지. 그래서 상처가 나면 상처 부위를 깨끗한 천이나 거즈 등으로 눌러 줘야 해. 주사를 맞고 나서 솜으로 누르는 것도 지혈하기 위한 거야."

"그럼 이장님 다리도 눌러서 지혈을 하는 것이 좋지 않을까?"

"이장님의 다리는 어느 정도 지혈이 된 것 같아. 큰 상처가 아니면 우리 몸이 스스로 금방 지혈하거든. 상처가 나면 먼저 혈액의 손실을 막기 위해서 상처 주변의 혈관이 수축돼. 그리고 **혈액 속의 혈소판들이 모여들어서 엉겨 붙고 덩어리를 만들어 피가 나는 것을 막아 주는 거야.**"

"나도 알아. 그게 굳으면 딱지가 되는 거지?"

"맞아, 그렇게 지혈을 하고 나면 그다음에는 백혈구가 상처를 통해 침입하는 병균들을 죽이고 상처가 나서 죽은 세포들을 처리하는 일을 하거든. 그래서 어느 정도 지혈되면 더 이상 병균이 침입하지 못하도록 상처를 씻어 주고 소독하는 것이 좋지."

모욱이와 삼촌은 물어보고 대답하는 대화를 계속했다. 이장님도 말없이 조용히 듣고 있었다.

"소독은 알코올로 하는 거야? 주사 맞기 전에도 알코올로 소독하던데."

"물론 알코올도 살균 작용을 하지만, 알코올은 너무 강해서 상처에 있는 정상적인 세포까지 죽여. 그래서 알코올은 상처 주변을 소독하는 데만 쓰고, 직접적으로 상처에 바르지는 않아. 대신 아까 이장님이 말하셨던 빨간약을 사용할 수 있지. 빨간약은 사실 요오드 용액이 들어 있는 약인데, 상처 소독에 사용할 수 있는 거야. 그런데 요오드는 혈관을 타고 흡수될 수도 있기 때문에 깊은 상처에는 사용하지 않는 것이 좋아."

삼촌은 빨간약 대신 다른 소독약을 꺼내서 이장님의 다리를 소독한 다음 크고 넓적한 밴드를 꺼냈다. 삼촌은 웃으면서 이장님에

소독약

상처 주위의 정상 피부의 살균을 위해 바르는 약물로 상처의 2차 감염 가능성을 낮추는 데 도움이 된다. 과산화수소수와 포비돈요오드액이 대표적이며, 알코올(70% 에틸알코올)은 상처 부위에 너무 자극적이기 때문에 기구 소독 같은 것에 사용하는 것이 좋다.

게 물었다.

"이장님, 이게 뭔지 아세요?"

"몰라, 파스인가?"

"상처에 붙이는 밴드예요."

"밴드? 밴드가 뭐 그렇게 파스같이 생겼어?"

삼촌은 가위로 밴드를 상처 크기보다 약간 크게 오려 내면서 대답했다.

"이건 습윤밴드라고 상처 난 부분을 촉촉하게 유지시켜 주는 거예요. 상처 난 곳이 공기에 노출되면 딱지가 생기는데, 나중에 딱지가 떨어지고 나면 원래의 살 색깔과 달라질 수 있어요. 그게 바로 흉터인데요, 이 습윤밴드가 그런 흉터가 생기는 것을 막아 줘요. 상처 치료도 더 빠르게 해 주고요."

"어떻게 그럴 수가 있지? 그냥 밴드를 붙이는 것보다 습윤밴드가 상처 치료에 더 좋다는 말이야?"

"상처가 나면 ★세포성장인자라는 것들이 나와서 상처를 낫게 하는데, 그냥 밴드를 붙이면 공기에 노출되어서 세포성장인자가 금방 말라 버려요. 대신 습윤밴드를 사용하면 세포성장인자들을 잘 가둬 두게 되고, 그 결과 상처를 더 빨리 낫게 해 주죠. 다 되었어요. 이제 조금만 지나면 세포성장

★ **세포성장인자**
세포의 분열이나 성장 및 분화를 촉진하는 물질.

미라의 저주를 푸는 인체의 비밀

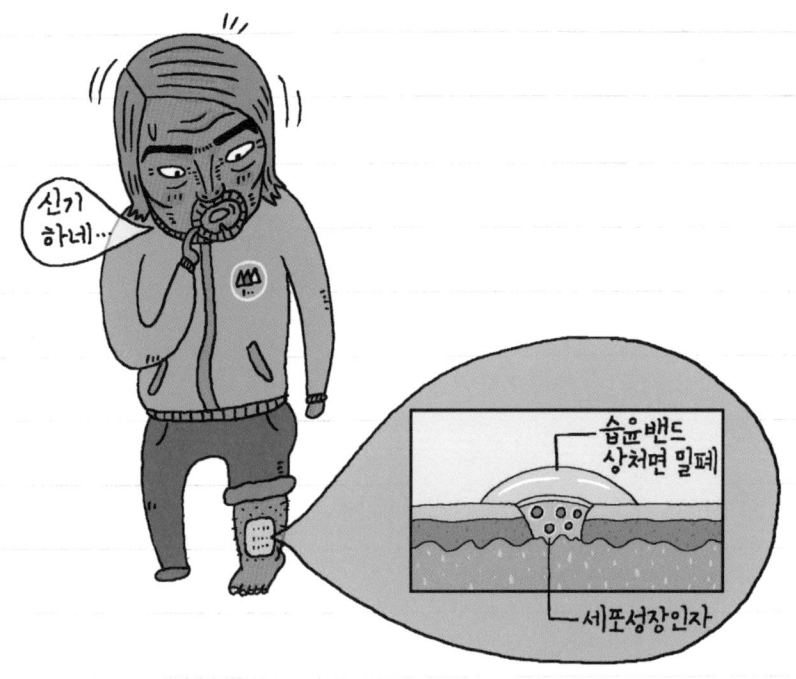

습윤밴드는 상처 부위를 보호하여 흉터가 생기는 것을 막는다.

인자들이 포함된 진물이 나와서 상처를 잘 치료해 줄 거예요. 진물
이 나와서 밴드가 부풀어 올라도 떼면 안 돼요."

　삼촌은 이장님의 다리에 습윤밴드를 붙인 다음 떨어지지 않도록
한참 동안 손으로 누르고 있었다.

　"거참 신기하구먼. 아무튼 고맙네."

　"지금 쓰고 남은 습윤밴드는 이장님이 가지고 있다가 필요할 때
쓰세요. 동네 사람들 다쳤을 때 붙여 줘도 되고요."

　삼촌은 남은 밴드를 이장님에게 내밀었다.

"고맙네. 동네 사람들 다치면 붙여 줘야겠어. 금방 낫고 흉터도 안 생긴다니 얼마나 좋아."

이장님은 기분이 좋은 듯 웃으면서 밴드를 주머니 깊숙한 곳으로 찔러 넣었다.

"그런데 이런 거 좀 잘해 줬다고 미라를 어떻게 해 보자는 부탁할 생각은 마. 내 생각은 안 변하니까 말이야."

다른 지역 사람들이 미라를 어떻게 해서는 안 된다는 생각이 들었는지 이장님의 표정이 다시 굳어졌다.

"어휴, 알겠어요. 그런데 이장님, 한 가지 궁금한 게 있는데요. 이장님은 왜 그렇게 다른 지역 사람들을 싫어해요?"

"너희가 그런 게 왜 궁금해? 어이구, 참. 허허."

이장님은 어이가 없다는 듯 짧게 웃었다. 그리고 이장님의 긴 이야기가 시작되었다.

"내 할아버지는 의사였단다. 그런데 더 많은 사람들을 살리고 병을 고치기 위해서는 새로운 의학을 배워야 한다면서 이곳을 떠나셨지. 그래서 할머니만 혼자 남게 된 거야."

"초가집 벽에 걸려 있는 그림 속 할머니 말이죠?"

모욱이가 물었다.

"그래, 일찍 돌아가신 어머니 대신 할머니가 혼자 나를 키우느라 고생 많이 하셨지. 아버지도 의사였다는데 내가 태어나기도 전에 할아버지를 따라 여길 떠났다고 하더라고. 얼굴 한 번 제대로 못 본 아버지는 새로운 의학을 배워서 많은 사람을 살렸을지는 모르지만 정작 자신의 가족은 살리지 못한 셈이지. 할머니는 할아버지와 아버지의 뒤를 이어 나도 의사가 되기를 바랐지만 나는 할머니를 두고 이곳을 떠나고 싶지 않았어. 가정에는 소홀했던 할아버지와 아버지처럼 되고 싶지 않았으니까."

이장님은 가만히 천장을 바라보며 계속 말을 이었다.

"그런데 요즘에는 다른 집도 다 하나둘씩 이곳을 떠나더라고. 이곳이 불편하니까 떠나는 게지. 그래서 나는 마을 사람들이 이곳에서 즐겁고 편안하게 지냈으면 좋겠다는 생각을 한 거야. 다른 지역 사람들하고는 아무 상관 없이 말이야."

나는 이장님이 왜 미세먼지 같은 문제로 마을 사람들의 건강에 신경 쓰고 있는지 깨달았다.

"채인아, 잠깐 태블릿PC 좀 빌려줄래?"

나는 채인이의 태블릿PC에서 지난번에 미라 발견 장소에서 찍었던 칼 사진을 찾았다.

"이장님, 이것 좀 보세요. 이거 이장님 할머니가 쓰던 칼이죠?"

이장님은 태블릿PC 속에 있는 칼 사진을 보고 눈이 커다래졌다. 그리고 떨리는 목소리로 말했다.

"이중 댕기가 있는 칼, 우리 할머니의 칼이 틀림없어."

모욱이가 이장님에게 물었다.

"이중 댕기요?"

"여기 손잡이에 있는 동그란 반지처럼 생긴 것 말이다. 이게 댕기라는 건데 원래는 칼자루가 손잡이에서 빠지지 않도록 여기 손잡이 윗부분에 댕기를 끼워 놓지. 이 아랫부분에 있는 댕기는 사실 아무 쓸모가 없어. 그런데 할머니는 그냥 이렇게 나란히 있는 댕기가 예쁘다며 대장간 할아버지에게 꼭 댕기를 2개 달아 달라고 부탁하곤 했지."

이장님은 부엌으로 가서 지난번에 봤던 그 칼을 들고 나왔다.

"이 동네에서 이런 칼을 쓰는 사람은 우리 할머니밖에 없어. 이건 분명히 할머니의 칼이라고. 그런데 이 사진을 어디에서 찍은 거야?"

할아버지의 목소리는 여전히 떨리고 있었다.

"미라 발굴 장소에서 모욱이가 찾았어요. 제 생각에 미라와 이장님의 할머니가 어떤 연관이 있을 것 같아요. 그래서 미라를 더 자세하게 연구해 보면 좋을 것 같다고 생각했고요. 이장님, 미라를 연구소로 보내는 것을 허락해 주세요."

나는 간절한 목소리로 이장님에게 부탁했다.

"내 눈으로 직접 봐야지 믿을 수 있을 것 같구나. 칼을 발견했다는 곳으로 지금 같이 가 보자고."

이장님은 다친 다리가 아프지도 않은지 벌써 밖으로 걸음을 옮기고 있었다. 할머니의 물건을 찾고 싶은 마음이 큰 것 같았다. 우리도 곧바로 이장님의 뒤를 따라나섰다. 이장님 할머니의 칼을 발견했던 장소에 도착하자 칼의 손잡이가 그대로 남아 있는 것이 보였다. 이장님은 조심조심 다가가 칼을 꺼내 들었다.

"이건 분명히 우리 할머니의 칼이 맞구나, 맞아. 분명히 맞아."

이장님은 할머니를 만나기라도 한 듯 칼을 소중하게 끌어안았다.

이장님과 우리는 칼을 가지고 집으로 돌아왔다. 우리는 미라를 연구소로 보내는 일을 이제 이장님이 금방 허락할 거라고 생각했

지만 이장님은 방에서 한참 동안 나오지 않았다. 저녁이 다 되어서야 이장님이 우리를 불렀다.

"좋아, 내가 너희를 한번 믿어 볼 테니까 미라를 연구소로 보내고 미라 발굴지도 좀 더 조사해 보자고."

"와! 이장님, 고맙습니다!"

우리는 기뻐하며 이장님에게 달려가 안겼다. 이장님은 한옥마을 관리사무소 아저씨에게 연락해서 미라 연구를 진행하자고 이야기했고, 내일 연구소에서 조사단이 올 것이라는 소식을 전해 들었다.

"아빠, 드디어 이장님이 미라를 조사할 수 있도록 허락했어요. 내일은 조사단도 온대요!"

채인이는 아빠에게 전화를 걸어 들뜬 목소리로 기쁜 소식을 전했다. 전화를 끊고 나서 우리는 가방을 챙기고 집에 갈 준비를 했다.

"이게 다 모미 네 덕분이야."

"내가 무슨, 다 네가 도와준 덕분이지. 미라 조사만 끝나면 모든 게 밝혀지고, 현장체험학습도 올 수 있겠지?"

이장님의 미라 연구 허락만으로도 벌써 모든 것을 해결한 것처럼 기대되었다. 그런데 한편으로 뭔가 찜찜한 기분을 지울 수 없었다. 미라의 조사를 방해한 사람의 정체는 밝히지 못했기 때문이다. 결국 나는 딱 한 번만 더 미라를 조사하러 가 보자고 했다. 삼촌과

미라의 저주를 푸는 인체의 비밀

모욱이가 가벼운 발걸음으로 앞장섰다. 곧 우리는 관리사무소에 도착했다.

"앗! 이게 뭐야?"

삼촌은 눈앞에 펼쳐진 광경을 보고 놀라 소리를 질렀다. 그리고 얼굴을 감싸 쥔 채 뒤돌아 쪼그려 앉아 몸을 덜덜 떨며 말했다.

"저게 뭐야? 피 아냐?"

관리사무소 옆에 있는 큰 나무에 피가 잔뜩 묻어 있었다. 그리고 그 옆의 벽에는 피로 쓴 글씨가 선명했다.

**날 가만히 내버려 둬. 그렇지 않으면
너희를 죽음의 날개에 닿게 하리라.**

"피로 쓴 저주라니 너무 무서워. 누군가가 피를 흘리며 죽을 때 쓴 글자인가 봐."

삼촌은 떨리는 목소리로 말했다. 이번에는 나도 무서웠다.

"삼촌, 사람이 이 정도로 피를 흘리면 어떻게 돼? 크게 다친 거 아닐까?"

삼촌은 놀란 눈으로 잠시 나를 쳐다보더니 이내 설명해 주었다.

"몸무게가 70kg인 어른을 기준으로 했을 때, 사람은 약 5.6L의 혈액을 가지고 있어. 이 중 절반 정도를 잃으면 목숨을 잃을 수도 있지.”

“음, 5.6L가 어느 정도의 양인지 잘 모르겠어.”

모욱이가 무서움도 잊은 듯 삼촌에게 다가와 물었다.

“맞아, 우리가 많이 경험해 보지 못한 양은 어느 정도인지 잘 알기 어렵지. 그럴 때는 우리가 자주 사용하는 양으로 비교해 보면 이해하기 쉬울 거야. 리터는 물이나 혈액처럼 액체의 양을 재는 데 쓰는 단위인 건 알고 있지?”

“당연히 그 정도는 알지. 그리고 1L는 1000mL와 양이 같다는 것도. 에헴.”

모욱이는 의기양양한 목소리로 대답했다.

“맞아, 그럼 밀리리터 단위로 나타낸 것 중에서 우리가 자주 사용하고 있는 것이 있는지 생각해 봐.”

우리는 적당한 것이 있는지 곰곰이 생각해 보았다.

“아! 생수병 어때? 우리가 자주 사서 마시는 생수 말이야. 그건 보통 500mL로 되어 있거든.”

“맞아, 그리고 우유갑도 괜찮을 것 같아. 우리가 학교에서 먹는 우유는 200mL잖아.”

나와 채인이가 차례대로 대답했다.

“좋아, 모미가 이야기한 생수병으로 생각해 보자. 1L는 1000mL

미라의 저주를 푸는 인체의 비밀

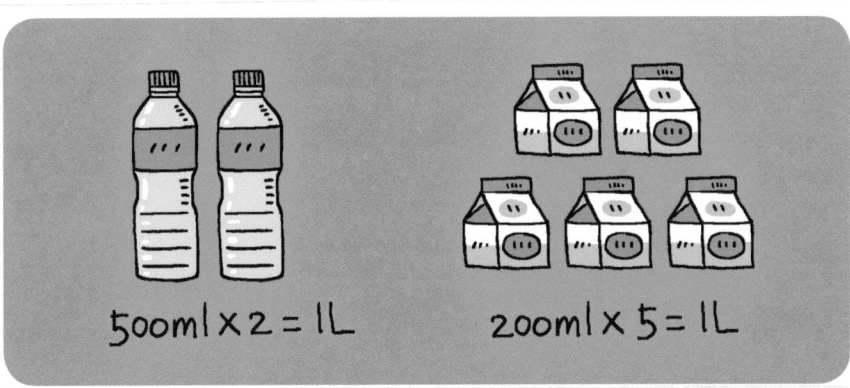

니까 500mL짜리 생수병이 2개 필요하지. 5L가 되려면 생수병이 10개 필요하니까 5.6L는 생수병 11개가 넘는 양이겠네."

피로 적힌 글자는 우리를 놀라게 하기는 충분했을지 몰라도 사람이 죽을 정도의 양은 아니었다. 계산대로라면 생수병 5개나 우유곽 14개 정도의 피를 흘려야 사람이 죽을 수 있기 때문이다. 그런데 생수병 하나 정도의 피로도 벽에 충분히 글자를 쓸 수 있을 것 같았다.

'이건 누군가 죽은 게 아니야. 죽은 것으로 위장해서 미라와 연관이 있는 것처럼 보이게 하려고 한 거야.'

나는 가만히 생각에 잠겼다.

"빵이야! 그건 먹으면 안 돼!"

갑자기 모욱이가 소리를 질렀다. 빵이가 나무에 묻은 피를 핥아 먹고 있었다.

"빵이야, 이건 피야. 먹는 게 아니라고."

모욱이는 빵이를 벽에서 떨어뜨려 놓았다.

"어? 그런데 무슨 시큼한 냄새가 나는데?"

모욱이가 코를 벌름거렸다. 모욱이는 한참 동안 벽 주변에서 냄새를 맡더니 급기야 손가락으로 피를 콕 찍어서 맛을 보았다.

"너 지금 뭐 하는 거야? 아무리 먹을 걸 좋아해도 그렇지……."

나는 깜짝 놀라 소리쳤다.

"이거 피 아니야, 케첩이야."

모욱이가 다시 한번 손가락으로 피를 찍어서 우리에게 들이밀었다. 다시 보니 케첩이 분명했다. 모욱이의 말처럼 시큼한 냄새도 났고, 정신을 차리고 자세히 보니 피 색깔과도 많이 달랐다.

"어떻게 케첩을 피라고 생각했지? 이렇게나 다른데 말이야."

채인이가 이상하다는 듯이 말했다.

"이건 우리가 범인의 의도대로 속아 넘어갈 뻔한 거야. 범인은 우리가 케첩만 보고도 피라고 생각하고 놀라서 돌아갈 거라고 확신했을 거야."

"어떻게?"

모두 어떻게 그럴 수 있냐는 눈빛으로 나를 보았다.

"우리는 계속 미라만 생각하고 있었어. 작은 일도 다 미라와 연관 지어 생각했지. 그러니 여기에 케첩이 뿌려져 있을 거라고는 생각하지 못하고 뭔가 미라와 관련이 있는 피라고 생각한 거야. 범인도 그걸 노렸을 거야."

삼촌이 머리를 긁적이며 말했다.

"그래, 맞아. 나도 미라 생각만 하면 무서운 생각이 들어서 케첩인 줄도 모르고 피라고 소리쳤던 것 같아. 미안해."

"멍멍!"

갑자기 빵이가 짖는 소리가 들렸다. 빵이는 관리사무소에서 조금 떨어진 곳에서 계속해서 짖었다. 그리고 수풀이 우거진 곳에서 무엇인가를 입에 물고 나왔다.

"케첩 봉지다!"

모욱이가 소리쳤다. 수풀 사이에서 빵이가 물고 온 케첩 봉지에 인쇄된 글자와 그림이 선명했다.

"범인이 사용한 케첩 봉지일까?"

채인이가 물었다.

"일단 봉지의 색깔이 너무 선명해. 범인이 버린 것인지는 아직 단정할 순 없지만 버려진 지 얼마 안 된 것만은 분명해."

'우리를 계속해서 방해하려는 사람은 도대체 누구일까? 그리고 이 케첩 봉지는 정말 범인이 남긴 것일까?'

상처가 났을 때 혈액이 엉겨 붙게 만들어 출혈을 막는 역할을 하는 혈액 속 성분은 무엇일까?

미라의 저주를 푸는 인체의 비밀

7 걸러 내야 할 때

"뭐 좀 알아냈니?"

집으로 돌아오자 할머니가 문을 열고 우리를 바라보며 물었다.

"아니요, 거기에 범인이 케첩을……."

나는 얼른 모욱이의 입을 막았다. 괜히 할머니를 놀라게 할 필요는 없었기 때문이다. 괜히 소란스러워져 미라 조사를 그르치는 걸 보고 싶지 않았다.

"케첩?"

"아, 오다가 케첩 봉지를 주웠다고요."

나는 얼른 얼버무려 대답했다.

"여기는 케첩 먹을 만한 사람이 없는데 누가 버렸을까? 이상한 일

이네. 그거 부엌 아궁이 옆에 갖다 버리렴."

"네, 그럴게요. 그런데 여기에 왜 케첩 먹을 사람이 없어요?"

"그야 여기는 노인들만 사니까 그렇지. 케첩이야 애들이나 좋아하는 거고."

할머니의 말이 이해가 되었다. 나는 케첩 봉지를 버리지 않고 잘 접어서 주머니에 넣은 다음 방으로 들어왔다. 어쩌면 이번 사건의 열쇠가 될지도 모르는데 그냥 버릴 수는 없었다. 모두 놀라고 피곤했는지 그대로 누워 잠이 들었다.

미라의 저주를 푸는 인체의 비밀

'정말 범인이 버린 케첩 봉지일까?'

주머니에서 꺼낸 케첩 봉지를 부스럭거리며 할머니가 한 말을 떠올렸다. 할머니의 말대로라면 케첩은 이곳 사람이 아닌 다른 곳에 사는 사람이 사 온 것이라는 추리가 가능했다. 만약 그 사람이 범인이라면? 나는 다른 사람들이 깨지 않게 조심조심 자리에서 일어섰다.

채인이가 눈을 부스스 뜨며 말했다.

"어디 가려고?"

"응, 잠깐……."

"어디 가는데?"

"쉿! 좀 더 알아볼 것이 있어서."

나는 삼촌이나 모욱이가 깰까 봐 얼른 입술에 검지를 가져다 대며 말했다.

"그럼 같이 가. 혼자 가면 무섭잖아."

채인이도 다른 사람들이 깨지 않도록 조심하며 태블릿PC를 챙겨 일어났다. 나는 밖으로 완전히 나온 다음 내 생각을 채인이에게 말해 주었다.

"할머니가 이 마을 사람들은 케첩을 좋아하지 않는다고 했어. 너도 기억하지?"

"응."

"그래서 나는 이 케첩을 마을 사람이 아닌 범인이 사 온 것이라고 생각하거든. 그런데 범인이 우리보다 먼저 움직이기에는 시간이 충분하지 않았어. 그러니까 이 케첩은 이 근처에 와서야 살 수 있지 않았을까 생각해. 시간이 부족해서 범인이 미리 준비할 수는 없었을 거야."

"그럴 수도 있겠다. 그래서?"

"그래서 이 근처에 있는 가게에 가 볼 생각이야."

우리는 마당으로 나와 할머니에게 근처 가게 위치를 물었다.

"가게? 여기서 5리는 걸어가야 하는데? 대문 밖으로 난 길 하나뿐이니 길은 찾기 쉽지만 말이다."

"5리면 2km 정도 되는 것 같아. 1리는 약 0.4km 정도 된다고 하네."

채인이가 태블릿PC로 검색해 본 다음 말했다. 우리는 할머니에게 조용히 인사하고 밖으로 나와 길을 따라 걷기 시작했다. 이장님 집에서 나와 몇몇 집을 지나자 산허리를 따라 난 길이 구불구불 계속 이어져 있었다. 요즘 만든 아스팔트 길이 아니고 차 하나가 겨우 지나갈 수 있을 만한 좁은 시멘트 길이었다.

"여기 우리가 이장님 댁에 처음 올 때 걸었던 그 길이잖아."

"그런 거 같아. 그때는 어두워서 아무것도 안 보였는데, 지금 보니 길이 참 예쁘다."

미라의 저주를 푸는 인체의 비밀

나는 팔을 뻗어 길가에 피어 있는 들꽃을 스치듯 손으로 쓸었다.

"채인아, 그런데 가게까지 얼마나 걸어야 할까? 곧 어두워질 텐데 너무 오래 걸리지는 않겠지?"

"우리 집에서 학교까지가 약 500m 정도 되는데 걸어서 10분이 안 걸리거든. 2km면 우리 집에서 학교까지 거리의 4배 정도니까 40분 정도 걸으면 될 거야."

"너는 어떻게 그렇게 수학을 잘해? 내 친구지만 정말 신기해."

"항상 수학과 연결시켜 생각하니까 그런가? 그런데 수학처럼 정

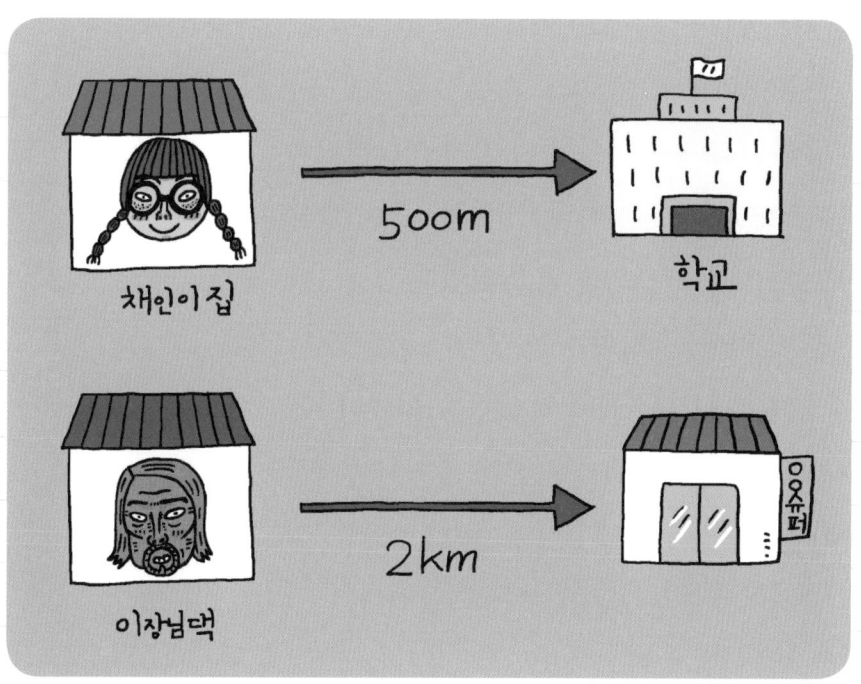

확한 게 나는 참 좋아. 너는 뭔가 일을 할 때 추진력이 좋잖아. 나는 망설일 때가 많은데. 여기까지 오게 된 것도 다 너의 추진력 덕분에 가능했던 거잖아. 나는 네 그런 모습이 부럽다.”

“추진력은 무슨, 그냥 막 날뛰는 거지. 하하하.”

우리는 서로 이런저런 이야기를 하면서 한적한 길을 걷고 또 걸었다.

“저기다!”

마침내 희미하게 불이 켜져 있는 가게가 보였다. 2차선 아스팔트 도로와 맞닿으며 우리가 걸어온 시멘트 길이 끝나는 곳, 마을 입구라고도 할 수 있는 그곳에 간판도 없는 작은 가게가 있었다.

“안녕하세요?”

우리는 크게 인사를 하며 가게로 들어갔다. 가게 안쪽으로 나 있는 문이 열리고 흰머리에 비녀를 꽂은 할머니가 나왔다. 5월인데도 할머니는 털조끼를 입고 있었다.

“안녕하세요? 저희는……..”

“너희가 이장님 댁에 와 있는 아이들이지?”

내가 인사를 끝내기도 전에 할머니는 우리가 누구인지 알고 있었다.

채인이가 눈을 동그랗게 뜨고 물었다.

“그걸 어떻게 아셨어요?”

미라의 저주를 푸는 인체의 비밀

"그거야 이장님이 이야기해 줬으니 알았지. 이장님이 여자애 둘이 우리 집에 올 거라고 전화했거든. 잘 도착했다고 이장님한테 알려야겠구나. 살 것을 모두 고르면 말하렴."

할머니는 이장님에게 전화하러 다시 방 안쪽으로 들어갔다. 이장님이 우리를 걱정해서 미리 연락해 둔 모양이었다. 처음에는 그렇게 무뚝뚝하던 이장님이 우리를 챙기는 모습을 보니 왠지 우리가 이 마을 사람이 된 것 같은 느낌이 들었다. 먹을 걸 살 생각은 없었지만 이왕 온 김에 모욱이에게 줄 초콜릿을 하나 집어 들었다. 사람들이 슈퍼에 잘 오지 않는지 초콜릿에는 먼지가 쌓여 있었다.

"할머니, 이거 살게요."

할머니는 내가 건네는 초콜릿을 잘 받아 들지 못하고 팔을 공중에서 휘저었다.

"내가 눈이 잘 안 보여. 내 손에 쥐여 주겠니?"

"아! 죄송해요."

할머니는 앞을 잘 못 본다고 했다. 나는 얼른 초콜릿을 할머니의 손 위에 올렸다.

"초콜릿을 샀구나. 눈이 안 보여도 이렇게 만져 보면 다 알 수 있지. 1000원이란다."

"할머니, 혹시 여기 케첩 팔아요?"

할머니에게 초콜릿값을 주면서 물었다.

"케첩? 그럼, 여기가 이렇게 보여도 없는 것 없이 다 판단다. 그나저나 오늘은 케첩 찾는 사람이 많네."

"네? 오늘 케첩 사러 온 사람이 또 있었어요?"

나는 깜짝 놀라 머리카락이 곤두서는 듯했다. 자율신경이 작용했는지 심장도 두근거리기 시작했다. 나는 최대한 침착하려고 애썼다.

"응, 우리 마을 사람은 아닌데 케첩을 사러 왔더라고. 처음 듣는 목소리였어."

"할머니, 케첩은 어디에 있어요?"

"문 오른쪽 구석에 있는 상자 안에 있단다."

내 뒤에 서 있던 채인이가 케첩을 찾으러 갔다. 채인이는 금방 케첩을 찾아 들어 보였다. 내가 가진 케첩 봉지와 똑같았다. 나는 놀라 소리 지를 뻔했지만 얼른 손으로 입을 막고 마음을 진정시켰다. 그리고 할머니에게 물었다.

"할머니, 그 사람에 대해서 뭐 특별히 기억 남는 거 없으세요?"

"글쎄다. 뭐 이것저것 사더구나. 아! 그리고 현금이 없었는지 카드로 계산해 달라고 했지. 이런 시골에서 누가 카드를 쓴다고."

"카드 계산이요? 여기 카드로 계산할 수 있어요?"

나는 할머니 말에 계속 놀라며 되물었다.

"여기가 이래 봬도 다 파는 곳이라고 하지 않았니? 물론 카드 계산도 할 수 있지. 잘 안 해서 좀 귀찮은 게 문제지만."

할머니는 웃으면서 카드 계산기를 들어 보였다.

"할머니, 그럼 혹시 그때 계산했던 영수증이 남아 있나요?"

"있지, 여기 어디다 넣어 뒀는데."

할머니는 방 안에 있는 작은 서랍을 열어 영수증을 찾기 시작했다.

"할머니, 그 사람이 케첩 말고 또 산 것은 없어요?"

"아! 손전등도 사 갔지. 그리고 또 뭘 사 갔더라? 가만있어 보자."

할머니는 한참 동안 떠올리려고 애썼지만 기억이 잘 나지 않는 것 같았다.

"여기 있구나!"

할머니가 카드 영수증을 찾아 우리에게 보여 주었다. 우리는 천천히 영수증을 살폈다.

"이건!"

나는 순간 떠오른 생각에 심장이 두근거리고 땀이 나기 시작했다. 채인이는 태블릿PC를 이용해서 영수증 사진을 찍어 두었다.

우리는 집으로 돌아가기 위해 아까 왔던 길을 거꾸로 되돌아 걸었다.

"나 왠지 범인이 누구인지 알 것 같아."

"뭐라고? 그게 누군데?"

채인이는 놀란 토끼 눈을 하고 나를 바라보았다.

"조금 있다가 말해 줄게. 아직 나도 확실한 건지 잘 모르겠어."

"뭐야, 그런 게 어디 있어. 같이 이야기하고 같이 해결하기로 했으면서. 도대체 누군데?"

"미안해, 채인아. 내가 확신이 들면 바로 말해 줄게. 그런데 케첩을 사 간 사람은 왜 손전등도 사 갔을까?"

"손전등? 필요해서 사지 않았을까?"

"아까 우리가 관리사무소에서 나무랑 벽에 뿌려진 케첩을 보았

미라의 저주를 푸는 인체의 비밀

을 때는 낮이었잖아. 손전등이 필요한 시간은 아닌데."

"그러네, 필요 없는 손전등을 왜 샀지?"

곰곰이 생각에 빠진 채인이의 걸음이 차분해졌다. 우리는 한참을 말없이 걸었다. 그러다 내가 조용한 정적을 깨고 말을 꺼냈다.

"이건 내 생각인데."

"뭔데?"

"그 사람이 만약 범인이라면, 밤에 다시 한번 나타날 것 같아. 그

때 쓰려고 손전등을 산 게 아닐까?"

"밤에? 그럼 어떻게 해? 삼촌한테 말하고 우리 모두 피해야 하지 않을까? 범인이 무슨 짓을 할지 모르잖아!"

"아니, 이번에야말로 범인을 잡아야지."

"범인을 잡는다고?"

이야기를 하면서 걷다 보니 어느새 집에 도착했다. 삼촌과 모욱이가 깨어 있었다.

삼촌이 물었다.

"가게에 갔다 왔다면서?"

"응."

나는 아까 산 초콜릿을 모욱이에게 건네주었다.

"모미가 범인이 누구인지 알 것 같대요."

채인이는 우리가 나누었던 이야기를 삼촌과 모욱이에게 말했다. 그 이야기를 듣고 겁을 먹은 건 삼촌이나 모욱이나 마찬가지였다. 삼촌은 내 손을 잡으면서 말했다.

"범인을 어떻게 잡아? 이제 정말 조심해야 해. 채인이 말대로 영수증을 경찰서에 가져다주고 범인이 잡히기를 기다리자."

나는 삼촌의 손에서 내 손을 슬그머니 뺐다.

"정말로 범인이 나타난다고 해도 어디에서 나타날 줄 알고? 우리가 범인을 잡기는 어려워."

모욱이는 물론 채인이까지도 삼촌과 같은 의견인지 고개를 끄덕였다.

"그래서 우리가 원하는 장소에 범인이 나타나게 하려고."

"함정을 만들자는 말이야?"

채인이의 물음에 나는 조용히 고개를 끄덕였다.

"어떻게?"

"우선 이장님 할머니의 초상화가 있는 초가집 근처에서 새로운 미라가 발견되었다고 이야기하고 기다려 보면 어떨까?"

"좋은 생각이야. 그럼 분명히 범인은 우리보다 먼저 도착해서 뭔가를 꾸미려고 하겠지. 그때 우리가 그 현장에 먼저 가 있으면 범인이 누군지 알 수 있을 거야. 그럼 이 계획을 누구한테 알려야 하지? 범인이 우리 계획을 알아야 찾아올 거 아니야."

채인이는 내 의견에 찬성하면서 누구에게 알릴지를 고민했다.

모욱이가 말했다.

"혹시 모르니까 이장님에게도 알려 두자. 이장님이 범인이 아니라는 증거도 없잖아."

"아니야, 이장님은 확실히 아니야. 왜냐하면 가게 할머니가 처음 듣는 목소리였대. 만약 가게에서 케첩을 산 사람이 이장님이라면 할머니가 목소리만 듣고도 이장님이라는 걸 금방 알았을 거야."

"그럼 누구한테 알려야 하지?"

나는 채인이를 바라보며 차분하게 말했다.

"바로 너희 아빠야."

"뭐라고? 너 아직도 우리 아빠를 범인으로 생각하고 있는 거야? 이미 우리 아빠는 범인이 아니라고 다 밝혀졌잖아."

채인이는 매우 흥분된 목소리로 말했다.

"좋아, 이번에도 우리 아빠가 범인이 아니라는 것을 증명해 보이겠어. 아빠는 절대로 나쁜 일을 꾸밀 분이 아니야."

채인이는 태블릿PC를 가져와 아빠에게 전화를 걸었다. 그리고 우리의 계획대로 초가집 근처에서 새로운 미라가 발견되어 조사할 거라고 알렸다. 전화를 끊은 뒤에도 채인이는 표정이 어둡고 말이 없었다. 자기 아빠를 범인으로 취급한 것에 화가 많이 난 것 같았다. 나는 아무런 말도 할 수 없었다. 확실해지기 전에는 무엇이든 단정 지어 말할 수 없었다. 우리는 무거운 분위기 속에서 침묵한 채 초가집으로 향했다.

"잠깐, 불은 켜지 마."

나는 불을 켜려는 모욱이의 손을 붙잡으며 말했다. 우리는 지금 함정을 파고 있는 것이다. 불을 켜면 범인이 달아나 버릴지도 몰랐다. 그래서 우리는 불도 켜지 않고 조용히 부엌에 들어가 숨어 있기로 했다.

낡은 부엌문을 잡아당기자 끼익 하는 소리가 크게 났다. 뭐라도

미라의 저주를 푸는 인체의 비밀

나타난 것처럼 괜히 몸이 움츠러들었다. 밖을 볼 수 있도록 문을
살짝 열어 놓고 우리는 아궁이 옆에 나란히 쪼그려 앉았다. 불이
피워져 있지 않는데도 아궁이에서는 나무 탄 냄새가 났다. 채인이
의 얼굴을 살피자 아직도 화가 덜 풀렸는지 표정이 어두웠다. 모욱
이가 먼저 정적을 깨고 말했다.

"누나, 화장실 좀 같이 가 줘."

"싫어, 너 혼자 갔다 와. 다 큰 애가 화장실도 혼자 못 가니?"

나는 퉁명스럽게 대답했다. 그러자 모욱이는 삼촌을 졸라 기어이 화장실에 함께 다녀왔다. 조금 뒤 모욱이는 또 화장실을 가고 싶다고 했다.

"나는 절대 같이 안 가. 그러니까 아까 물 조금만 먹으라니까."

모욱이가 내게 부탁하기도 전에 나는 가지 않겠다고 선언해 버렸다. 무서운 걸 싫어하는 삼촌도 한 번 더 모욱이와 화장실에 가 줄 생각이 없어 보였다. 아빠가 범인으로 몰린 지금은 채인이마저 모욱이와 함께 가 줄 것 같지 않았다. 모욱이가 눈치를 보면서 발을 동동 구르고 있는데 채인이가 말했다.

"내가 같이 가 줄게."

"역시 채인이 누나야!"

모욱이는 나와 삼촌을 바라보며 혀를 쭉 내밀고 화장실로 향했다. 모욱이가 나가고 들어올 때마다 부엌문은 계속 끼익끼익 하는 소리를 냈다. 조용한 적막 가운데 들리는 부엌문 소리가 계속 신경이 쓰였다.

"야, 그만 좀 싸! 너 때문에 범인 다 놓치겠어. 너 정말 배설기관이 어떻게 된 거 아니야? 화장실만 도대체 몇 번째야?"

나는 모욱이에게 쏘아붙이듯 말했다.

미라의 저주를 푸는 인체의 비밀

"뭐라고? 배설? 나 똥 안 쌌거든? 누나는 맨날 방귀 뀌면서."

"이게, 혼나 볼래? 그리고 내가 언제 너한테 똥 쌌다고 그랬어?"

"누나가 아까 배설이라고 그랬잖아!"

우리가 또 티격태격하자 삼촌이 나서서 말렸다.

"잠깐, 잠깐! 모욱아, 모미가 말하는 배설은 똥 싸는 것을 말하는 게 아니야."

"똥 싸는 게 배설이 아니라고? 그러면 뭔데?"

모욱이는 삼촌을 바라보며 고개를 갸웃했다.

"사람에게는 **배설기관**이 있어서 **몸속의 노폐물을 걸러 밖으로 내보내는 일을 하거든.** 예를 들면 노폐물을 물에 담아 오줌으로 내보낸다든지, 땀으로 내보낸다든지 하는 것이 모두 배설기관이 하는 일이야."

"똥도 노폐물 아니야?"

"똥도 노폐물이긴 해. 그런데 음식이 소화되고 남은 찌꺼기여서

배설기관

우리 몸의 배설기관에는 오줌을 만들어 내는 신장(콩팥)과 땀을 만들어 내는 땀샘이 있다. 이러한 배설기관은 몸속에 생긴 노폐물을 몸 밖으로 내보냄으로써 몸속의 상태를 항상 일정하게 유지할 수 있도록 하는 역할을 한다.

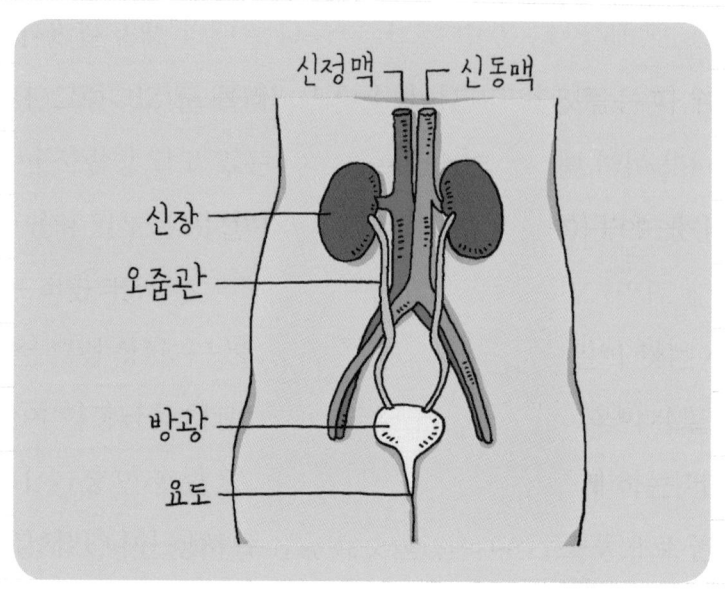

신장에서 만들어진 오줌을 통해 몸속 노폐물이 배출된다.

똥은 배설하는 게 아니라 배출한다고 말해.”

"아! 그래서 모미 누나가 배설이라는 말을 한 거구나. 나는 배설이라고 해서 똥 싸는 것을 말하는 줄 알았는데. 그럼 노폐물은 누가 걸러 주는 거야?”

"그건 바로 신장이야. 신장은 콩팥이라고도 하는데 길이 10cm, 너비 5cm, 두께 3cm 정도의 강낭콩 모양이야. 등 아래 허리쯤에 좌우 하나씩 총 2개가 자리 잡고 있지. 신장은 혈액 속에 있는 유독하거나 불필요한 물질을 걸러 오줌으로 내보내 주는 일을 해.

혈액은 영양분을 싣고 다니면서 우리 몸 곳곳에서 영양분과 노

미라의 저주를 푸는 인체의 비밀

폐물을 교환하거든. 그렇게 점점 쌓인 노폐물을 신장이 걸러서 오줌으로 만드는 거야. 오줌은 오줌관을 통해서 방광에 모이는데, 일정량이 모이면 우리는 오줌이 마렵다고 느끼게 되지. 그러면 우리는 화장실에서 요도를 통해 시원하게 오줌을 몸 밖으로 내보내는 거야. 그런데 만약 신장에 문제가 있으면 노폐물이 제대로 빠져나가지 못해서 몸이 붓거나 염증이 생기기도 해. 그래서 신장의 건강도 매우 중요하지."

삼촌은 모욱이 옆에 앉아서 신장에 대해 설명했다.

"잠깐만, 쉿!"

나는 손가락을 입에 갖다 대고 삼촌과 모욱이를 쳐다보았다. 그러자 삼촌과 모욱이는 물론 채인이까지 눈을 크게 뜨며 나를 바라보았다.

"무슨 소리가 들려."

나는 아주 작은 목소리로 말했다. 밖에서 저벅저벅 누군가 다가오는 발소리가 들렸다. 우리는 커다랗게 뜬 눈으로 서로를 바라보았다. 천천히 말아 쥔 주먹 안에 땀이 맺히는 것이 느껴졌다.

누군가 다가오고 있었다. 어둑어둑한 길을 걸어오는 손전등 불빛이 보였다. 그러나 누구인지 알아보기는 어려웠다. 분명한 것은 누군가가 이 초가집을 향해 오고 있다는 사실이었다. 그리고 나는 그 사람이 범인임을 직감했다. 범인과 맞닥뜨릴 시간이 점점 다가오고 있었다.

강낭콩 모양으로 우리 몸의 등 쪽에 위치해 있고, 노폐물을 걸러 주는 역할을 하는 것은 무엇일까?

미라의 저주를 푸는 인체의 비밀

밝혀지는 몸속

초가집 가까이 다가온 사람이 주위를 두리번거렸다. 우리는 그 사람을 한눈에 알아보았다. 지난번에 채인이 아빠와 함께 왔던, 삼촌이 가장 존경하는 의사 선생님이라고 했던 바로 그 박사님이었다. 더 이상 부엌에서 기다리고 있을 이유가 없었다.

"끼이이익."

낡은 부엌문에서 나는 마찰음에 박사님은 깜짝 놀라 들고 있던 손전등을 바닥에 떨어뜨렸다.

"안녕하세요?"

나는 부엌문을 열고 나와 박사님에게 인사했다. 내 뒤로 채인이, 삼촌, 모욱이, 빵이까지 따라 나왔다.

"박사님, 여기는 무슨 일로 오셨어요? 혹시 새로 발견되었다는 미라를 찾으러 오셨나요?"

"미, 미라는 무, 무슨 미라?"

"박사님, 말을 더듬으시네요. 지금 괜히 땀도 나시겠죠? 심장도

미라의 저주를 푸는 인체의 비밀

빨리 뛰고 있을 거고요. 삼촌이 알려 줬어요. 뭔가를 숨기고 거짓말을 하면 자율신경의 작용으로 그렇게 된다고요. 박사님도 의사니까 잘 알고 계시죠? 그런데 박사님은 무엇을 숨기고 있는 거예요?"

나는 박사님의 눈을 똑바로 바라보았다.

"숨기기는 무엇을 숨긴다는 거니? 나는 그냥 이 주변에 왔다가 길을 잃었을 뿐이야!"

박사님은 바닥에 떨어뜨린 손전등을 주워 들면서 모르는 척 대답했다. 그러나 박사님의 목소리에서 미세한 떨림이 느껴졌다.

"길을 잃었다고요? 아니에요, 박사님은 우리가 이곳으로 올 것을 알고 있었어요. 채인이 아빠와 채인이가 통화하는 것을 들었을 테니까요."

내 말을 들은 채인이가 흠칫 놀랐다.

"무슨 소리를 하는 거니? 나는 네가 무슨 말을 하는지 전혀 모르겠구나."

박사님은 계속 시치미를 뗐다.

삼촌이 내 귓가에 작은 소리로 말했다.

"그래, 모미야, 네가 뭔가 잘못 생각한 거야. 박사님은 절대 그럴 분이 아니야. 박사님이 얼마나 유명한 의사인지 네가 몰라서 그래."

채인이도 삼촌의 말을 거들었다.

"맞아, 지난번에 네가 우리 아빠를 의심했을 때 내가 아빠한테 전화했었잖아. 그런데 그때 아빠하고 박사님은 여기가 아니라 다른 곳에 있었어. 거긴 여기에서 자동차로 3~4시간이나 가야 하는 곳이잖아."

"그건 바로 고속열차 덕분이야. 여기는 한옥마을로 개발되면서 20분 거리에 고속열차역이 만들어졌어. 고속열차를 이용하면 자동차로 3~4시간이 걸리는 거리도 1시간 정도면 충분히 갈 수 있을 거야."

"아! 누나, 300km/h 이상의 속력으로 움직이는 기차를 말하는 거지?"

"응, 우리가 이곳에 올 때 삼촌의 자동차가 60km/h 정도의 속력으로 달렸던 것과 비교하면 5배나 빠르지."

"그럼 그날 박사님이 미라의 저주가 흘러나오도록 MP3 플레이어를 설치하고 1시간 만에 다른 곳으로 간 거란 말이야?"

채인이는 믿기 어렵다는 눈빛으로 나를 바라보았다. 나는 차분한 목소리로 대답했다.

"그렇지, 고속열차를 이용하면 충분히 가능해."

"그렇지만 꼭 박사님이 했다는 증거도 없잖아."

신중한 채인이는 단정 짓기 어렵다고 말했다.

"맞아, 이것만으로는 부족해. 채인아, 지난번에 아빠랑 통화한 영상 태블릿PC에 저장되어 있지?"

"응, 그런데 왜?"

"그거 좀 보여 줄 수 있어?"

채인이는 영상을 찾아 재생했다.

"모두 여기를 잘 봐. 박사님도 같이 보세요."

박사님은 머뭇거리다가 우리 쪽으로 다가왔다.

"바로 여기야. 채인이가 아빠는 범인이 아니라고 하면서 전화했을 때, 박사님도 같이 있는지 물어봤거든. 채인이 아빠는 화면을 돌려서 박사님을 보여 주었지. 그런데 여기 잘 봐. 채인이 아빠의 구두는 깨끗한데, 박사님의 구두에는 흙이 많이 묻어 있어. 그날 채인이 아빠와 박사님은 함께 우리를 찾아왔고, 또 함께 회의장으로 떠났는데 왜 박사님의 구두에만 흙이 묻어 있을까? 그건 바로 박사님이 곧장 회의장으로 가지 않고 돌아와서 풀숲에서 미라의

KTX(Korea Train eXpress)

KTX는 한국고속철도를 말하며, 우리나라에서 운행 중인 고속열차이다. 2004년에 개통되어 주요 구간을 시속 300km 이상으로 달린다. 프랑스의 고속철도인 TGV의 기술을 도입하여 만들어졌다.

우리나라의 고속열차인 KTX

저주가 들리도록 MP3 플레이어를 준비해 놓았기 때문이야."

박사님은 동의할 수 없다는 듯 크게 소리쳤다.

"아니야, 나는 그러지 않았어. 구두에 흙이 왜 묻어 있었는지도 모르겠구나. 어떻게 그런 것까지 모두 기억할 수가 있겠니? 이건 너무 억지라고!"

"박사님이 사실대로 말해 주길 바랐는데 어쩔 수 없네요. 이제 모든 사실을 말할 수밖에요."

"사실이라니?"

박사님의 눈이 휘둥그레졌다. 채인이와 삼촌과 모욱이도 마찬가지로 눈이 커다래졌다.

"우리가 아까 미라를 조사하러 갔을 때, 나무와 벽에 케첩으로 글씨가 쓰여 있었지. 처음에 우리는 피라고 생각해서 정말 놀랐잖아. 그런데 마을 입구에 있는 가게에서 그 케첩을 산 사람이 바로 박사님이야."

"뭐라고?"

삼촌이 놀라 물었다.

"이건 나와 채인이가 가게에 가서 찾은 케첩 구입 영수증이야."

나는 채인이의 태블릿PC에 저장된 영수증 사진을 찾아 보여 주었다. 그리고 삼촌을 불렀다.

"삼촌, 지난번에 받은 박사님의 사인 있지? 잠깐만 보여 줘."

"응, 내가 지갑에 넣어 놨어."

삼촌은 지갑 속에 고이 접어서 넣어 놓은 종이를 펼쳐 보였다.

"여길 봐, 영수증에 적힌 사인과 삼촌이 가지고 있는 사인이 완전히 똑같아. 그리고 영수증을 보면 손전등도 구입한 것으로 나오는데, 박사님이 지금 들고 있는 손전등이 바로 이 가게에서 파는 손전등이지."

모두 영수증의 사인과 삼촌이 건네준 종이의 사인을 번갈아 쳐다보았다.

"이럴 수가! 믿을 수 없어."

삼촌은 벌어진 입을 다물지 못했다. 채인이와 모욱이도 삼촌만큼이나 놀란 눈치였다.

박사님은 바닥에 털썩 주저앉았다.

"미안하다, 정말 미안해. 모두 내 잘못이야. 너희를 볼 낯이 없구나."

나는 천천히 말을 꺼내는 박사님의 손을 잡고 일으켰다. 그리고 초가집의 마루에 올라앉았다.

"우리 집안은 대대로 의사 집안이었다. 그것도 그냥 의사가 아니고 우리나라에서 최초로 사람의 해부를 한 의사였어. 지금이야 수술이 빈번하게 벌어지지만 예전에는 그렇지 않았지. 유교의 영향으로 자신의 신체를 소중하게 여겼던 시대에 사람을 해부한다는 것은 도저히 꿈도 꿀 수 없는 일이었단다. 그런데 그것을 최초로 한 사람이 바로 나의 할아버지였어."

우리는 박사님을 가운데에 두고 양옆으로 나뉘어 마루에 걸터앉아 이야기를 들었다.

"할아버지가 돌아가시고 시간이 꽤 지났을 때, 할아버지의 물건 하나가 발견되었단다. 꽤 커다란 상자였지. 나는 그 안에서 할아버지의 편지 꾸러미를 보게 되었어. 거기에는 어떤 여인과 주고받은 편지가 들어 있었는데, 단순한 편지가 아니었단다. 그건 바로 사람 해부에 관한 정보가 담긴 편지였지. 사람 몸속에 들어 있는 장기와 기관에 대한 내용이 가득했어. 그리고 나는 사람의 해부를 처음 시도한 사람이 할아버지가 아니라 바로 그 여인이라는 것도 알게 되

인체해부학

해부학의 한 분야로, 인체의 구조를 탐구하는 학문이다. 벨기에의 의학자 안드레아스 베살리우스가 인체를 직접 해부함으로써 관찰에 근거한 근대 해부학을 제시했다.

인체를 직접 해부한
안드레아스 베살리우스

었단다. 하지만 그때는 이미 우리나라 해부학의 창시자로서 할아버지의 명예가 높았을 때였고, 나도 촉망받는 의사로서 포기할 수 없는 것이 많았어. 그래서 편지 속 여인의 존재는 숨기고 최초의 해부학 의사라는 할아버지의 거짓된 명예를 지키기로 했단다.”

우리는 박사님의 이야기에 귀를 기울였다.

“그런데 채인이 아빠와 함께 회의에 참석하러 가다가 너희가 미라를 조사한다는 이야기를 듣게 되었지. 그리고 너희가 찾았다는 칼을 보고 심장이 뛰기 시작했단다. 그건 내가 어렸을 적에 봤던 할아버지의 칼이었거든. 손잡이에 2개의 링이 끼워진 칼은 분명히 할아버지의 칼이었어. 그리고 미라 몸의 일부가 ★절개되었다는 말을 듣고 확신했단다. 미라는 분명히 할아버지와 편지를 주고받던 여인과 관계있을 거라고 말이야. 미라의 정체가 드러난다면 당연히 그 여인의 정체도 드러

> ★ **절개**
> 몸의 일부를 째거나 갈라서 벌림.

나게 될 테고, 그러면 우리나라 최초의 해부학 의사라는 할아버지의 명예는 물거품처럼 사라져 버릴 것이라고 생각했어. 그래서 나는 너희가 미라를 조사하는 것을 방해하기로 했지. 그다음부터는 너희가 생각한 대로다. 우리 집안의 가짜 명예를 지키려고 너무 큰 잘못을 했구나. 정말 미안하다.”

박사님이 이야기를 마쳤을 때 우리는 누구도 말이 없었다. 자신

의 잘못을 뉘우치고 솔직하게 모든 것을 털어놓는 박사님의 진심이 느껴졌기 때문이다.

"박사님, 솔직하게 모두 말해 주셔서 감사해요. 사람은 누구나 실수를 할 수 있다고 생각해요. 만약 제가 그 상황이었다면 저도 그렇게 잘못된 선택을 했을지도 몰라요. 지금이라도 진실을 밝혀 주셔서 감사해요."

나는 자리에서 일어나 박사님 앞으로 갔다.

"그런데 박사님, 진실을 밝히더라도 박사님 집안의 명예가 사라지지는 않을 것 같아요."

박사님은 의아한 얼굴로 나를 바라보았다. 나는 박사님을 향해 살짝 미소를 지어 보였다.

"박사님, 그 칼의 주인이 누군지 아나요?"

"그야 물론 나의 할아버지와 편지를 주고받았던 여인의 칼이겠지."

"맞아요. 그리고 그분은 바로 이곳에 있어요."

"여기에 있다고?"

박사님은 깜짝 놀라 자리에서 벌떡 일어섰다.

"네, 지금 이곳에 있어요."

나는 신발을 벗고 마루 위로 올라가 방문을 열었다. 벽에는 여전히 온화한 미소를 띤 여인의 초상화가 걸려 있었다.

"이분이 정말 그 칼의 주인이란 말이니?"

미라의 저주를 푸는 인체의 비밀

"네, 마을 이장님의 할머니예요."

"이장님의 할머니?"

"네, 이장님이 직접 말해 주셨죠. 그리고 이런 말도 했어요. 이장님의 할아버지와 아버지도 모두 의사였고, 이곳에서 살지 않고 다른 지역에 나가 의사 생활을 했다고요."

"그럼 설마……."

박사님은 끝까지 말을 잇지 못했다.

"네, 맞아요. 여기 있는 분은 박사님의 할머니이기도 해요."

옆에 있던 모욱이가 놀란 얼굴로 물었다.

189

"뭐라고? 그게 정말이야?"

"응, 이장님의 할머니는 박사님의 할머니야."

그때 갑자기 커다란 목소리 하나가 끼어들었다.

"그게 무슨 말이냐?"

이장님이었다.

"우리 할머니가 이분의 할머니라니, 그게 무슨 말이냐고?"

이장님은 흥분을 가라앉히지 못한 목소리로 우리를 다그쳤다.

"여기를 보세요."

나는 그림 속 할머니의 손을 가리켰다. 엄지손가락 옆으로 작게 돌출된 또 하나의 손가락이 있었다.

"할머니는 다지증이었어요. 다지증은 유전이죠. 그래서 다지증이 할머니의 아들에게 유전되었고, 그게 다시 박사님에게 유전된 거예요. 지난번에 박사님도 다지증이라고 하면서 수술 자국을 보여 주신 적이 있어요."

"아니, 그게 정말이오?"

이장님은 놀라면서 박사님의 손을 붙잡았다. 박사님의 엄지손가락 옆에 선명한 수술 자국이 보였다. 나는 조금 전 박사님이 들려주었던 박사님의 할아버지와 할머니가 주고받은 편지 이야기, 박사님의 할아버지도 할머니와 같은 칼을 사용했다는 이야기를 이장님에게 전했다.

"편지? 우리 집에도 편지 같은 것이 있어. 여기에 두었는데……."

이장님은 방 안으로 들어가 나무 바구니를 들고 나왔다.

"여기에 이상한 그림이랑 글이 쓰여 있는데, 나는 무슨 말인지 몰라 보관만 하고 있었다오."

박사님은 바구니 안에 들어 있는 빛바랜 편지들을 펼쳐 보았다. 그리고 그중 하나를 들고 손가락으로 가리키며 말했다.

"맞네요, 그림이나 글씨체 모두 우리 할아버지가 받았던 편지와 똑같아요. 게다가 여기에도 사람의 해부에 대한 정보가 담겨 있고요. 틀림없어요!"

삼촌도 편지 하나를 집어 들고 말했다.

"어? 이건 간인데?"

"간?"

"응, 이건 분명히 간을 그린 그림이야."

"우리가 먹는 '순대, 간'이라고 말할 때 그 간이야?"

"야! 너는 이런 상황에서도 또 먹는 이야기가 나와? 이 먹보 돼지야!"

나는 상황 파악도 못 하고 먹는 것과 연결하는 모욱이를 타박했다.

삼촌은 가볍게 웃으며 말했다.

"'순대, 간' 할 때 간은 돼지의 간을 요리한 것이고, 이건 사람의 간이지."

"간은 우리 몸에서 가장 큰 장기야. 무게가 약 1.2kg쯤 된다고 해."

"삼촌, 그런데 할머니는 왜 간을 그려 놓았을까요?"

채인이가 물었다.

"글쎄, 이것도 해부해서 그린 게 아닐까?"

"맞네, 사람 몸에서 간을 꺼내 그린 것이지. 사람의 장기 중에서도 간은 그 역할이 너무 다양해서 많은 연구가 필요했어. 아마 할아버지와 할머니도 그걸 알고 간을 연구한 것 같아."

삼촌의 말에 곧바로 박사님이 설명을 덧붙였다.

"간은 우리 몸에서 정말 다양한 역할을 한다고 하지. 그걸 모두 세면 약 500가지의 역할을 한다고 알려져 있어. 가장 많이 알려진 **간의 역할 가운데 하나는 해독 작용이야. 사람의 몸에 독성 물질이 들어오면 몸이 해를 입지 않도록 나쁘지 않은 물질로 바꿔 주지.** 예를 들어, 우리가 매일 섭취하는 단백질을 분해하는 과정에서 독성 물질인 암모니아가 나오는데 간에서는 몸에 해로운 암모니아를 요소로 바꾸어 준단다. 만약 간이 해독 작용을 하지 않으면 안 좋은 물질이 계속 몸에 쌓여서 여러 가지 병이 생길 거야."

"또 다른 역할은 무엇이 있나요?"

모욱이가 박사님에게 물었다. 간이 하는 일을 듣는 것이 재미있는 모양이었다.

"소화에 도움이 되는 물질을 내보내서 소화를 돕는단다."

미라의 저주를 푸는 인체의 비밀

"소화는 위, 작은창자, 큰창자와 같은 소화기관에서 하는 건데요?"

모욱이는 지난번에 배운 것을 정확하게 기억하고 있었다.

"그렇지, 소화는 소화기관에서 일어나지. 그때 지방의 소화를 돕는 물질을 간에서 만드는데, 그것이 바로 쓸개즙이란다."

"쓸개즙이요? 우리 몸 안에 쓸개라는 장기도 있지 않나요? 거기에서 만들어지는 건가요?"

나는 언젠가 책에서 쓸개를 본 기억이 났다.

"쓸개는 간에서 만들어진 쓸개즙을 담아 두는 기관이란다. 간에서 만들어진 쓸개즙을 쓸개에 담아 두었다가 지방을 소화시키는 데 사용하지. 간은 하루에 1L의 쓸개즙을 만든다고 하더구나. 그런데 쓸

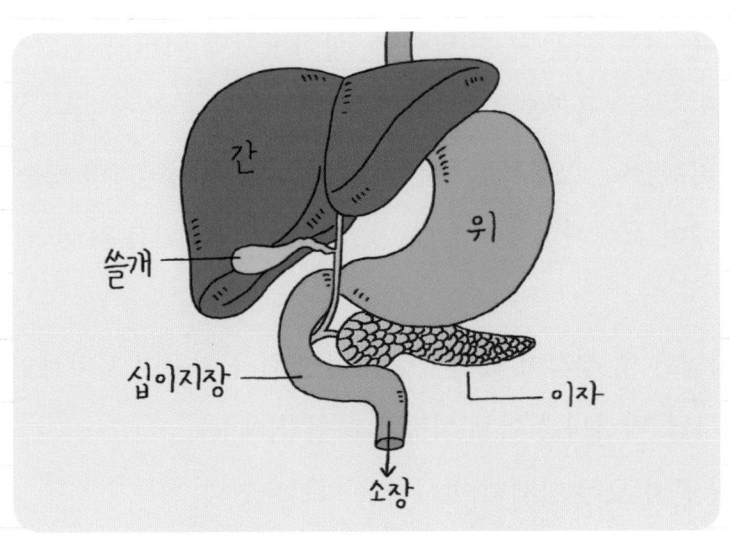

간에서는 쓸개즙을 만들어 소화를 돕는다.

개즙은 소화를 도와주기만 할 뿐 직접 소화하는 것은 아니란다."

"우와, 신기해요. 그리고 또 다른 역할은요?"

모욱이는 계속해서 묻고 또 물었다.

"아이구, 이렇게 하다가는 끝이 없겠구나. 그건 나중에 너희 삼촌을 통해서 더 들어 보도록 하렴. 나는 이제 나의 잘못에 대해 책임을 져야 할 것 같구나."

간이 그려진 그림을 보면서 이야기를 듣다 보니 지금 상황을 잠깐 잊고 있었다.

"그럼 이장님의 할머니도 의사였던 거네요. 이장님은 그걸 알고 있었나요?"

나는 고개를 돌려 이장님을 바라보았다.

"아니, 나는 처음 듣는 말이야. 할아버지와 아버지가 의사로서 훌륭했는지는 몰라도 나는 가정에 아무 신경도 쓰지 않던 모습을 정말 미워했어. 그래서 할머니가 의학에 관한 이야기만 하면 무척 화를 내며 싫어했지. 할머니도 그 뒤로는 그런 말들을 안 했던 거 같아."

이장님은 옛 생각이 났는지 할머니 그림을 지긋이 쳐다보았다.

"박사님, 박사님은 이제 어떻게 하실 거예요?"

내가 묻자 모두 일제히 박사님을 바라보았다.

"먼저 진실을 정확하게 알려야겠지. 할머니가 이뤄 놓은 것들을 감추지 않고 잘 알려서 할머니의 명예도 높여야 할 것 같구나. 그리고 여기에서 발견된 미라를 보존할 박물관을 만들 준비를 하려고 한단다. 또 이곳 한옥마을의 발전을 위해서 우리 형님과 같이 노력해야겠지."

"형님이요?"

"박물관이요?"

나와 채인이가 동시에 물었다. 그러나 나는 박사님의 대답을 듣지 않아도 답을 알 것 같았다. 이장님과 박사님은 형제인 것이다. 박사님은 이장님의 손을 붙잡았다. 이장님과 박사님의 눈에 눈물이 맺혔다. 박사님은 이장님에게 할머니가 고이 장례를 지냈을 미라를 잘 보존할 수 있도록 박물관을 짓자고 말했다. 이장님도 박사님의 손을 붙잡고 고개를 끄덕였다.

우리는 모두 이장님 집으로 내려갔다. 박사님은 이장님과 할머니와 한참 이야기를 더 나눈 뒤에야 자리에서 일어나 집으로 돌아갔다. 자야 할 시간을 훌쩍 넘긴 늦은 시간이었다.

"딸깍"

지금껏 한 번도 밤에 꺼진 적이 없던 처마 밑의 낡은 형광등이 꺼졌다.

"이장님, 이제 불 안 켜 두세요?"

"그래, 아우님도 돌아왔으니 이제 불은 꺼도 되겠지."

이장님은 그동안 싫어했다고 말했지만 할아버지와 아버지가 돌아오기를 기다리는 마음으로 불을 켜 놨었나 보다. 우리는 아랫방으로 내려가 임강에서의 마지막 잠을 청했다.

미라의 저주를 푸는 인체의 비밀

아침 일찍 조사단이 도착했다. 맑은 하늘은 높고 상쾌했다. 그동안 정체를 밝히기 위해 노력했던 미라를 다시 보니 지난 며칠간 있었던 일들이 머릿속에 떠올랐다. 미라는 우리가 처음 만났던 모습 그대로 유리관에 담긴 채 커다란 차에 옮겨졌다. 연구소에서 미라를 통해 여러 가지 사실들을 밝혀낼 것이다.

조사단이 떠나고 난 뒤 삼촌은 자동차를 다 고쳤다는 연락을 받았다. 삼촌은 자동차가 더 이상 덜덜거리지 않고 아주 부드럽게 움직인다고 호들갑을 떨었다. 그다지 믿음이 가진 않았지만 어쨌든 우리는 이 차를 타고 집으로 돌아가야 했다.

"다음에 또 놀러 오너라. 너희 덕분에 아우님도 만나고 할머니에 대해서도 다시 알게 되었구나. 고맙다."

"이장님, 진짜로 또 놀러 와도 돼요? 다른 지역 사람이라고 싫어하는 거 아니죠?"

"뭐라고? 하하하!"

이장님은 크게 웃었다. 처음 보는 이장님의 너털웃음이었다.

우리 몸의 가장 큰 장기로 해독 작용을 하며, 쓸개즙을 만드는 기관은 무엇일까?

에필로그

"내일이 벌써 현장체험학습 날이라는 게 믿기지 않아."

나는 채인이 앞에서 뒷걸음질하며 말했다. 길에 떨어진 낙엽을 밟을 때마다 바스락거리는 소리가 났다.

"그러게, 임강에서 미라 조사하던 것도 엊그제 같은데 벌써 6개월이나 지났다니."

"맞아, 얼른 임강에 가 보고 싶어."

나는 이미 임강에 도착이라도 한 것처럼 숨을 크게 들이마시며 팔을 크게 벌렸다. 임강의 공기처럼 상쾌했다.

"언제는 아무 데로나 가도 된다고 했으면서."

채인이는 나를 보며 장난스럽게 웃었다.

"현장체험학습 말이야. 친구들과 같이 가기만 하면 된다면서?"

채인이의 말처럼 내 마음속에는 임강이 자리 잡고 있었다. 물론 친구들과의 추억을 만드는 것이 중요하다는 생각에는 변함이 없었다. 그래서 내일 임강으로 친구들과 함께 현장체험학습을 간다는 것이 정말 행복했다.

"누나! 채인이 누나!"

뒤에서 음이 높은 소리로 우리를 부르는 소리가 들렸다. 모욱이였다.

"6학년은 내일 소풍 가지?"

"뭐? 소풍?"

"옛날에는 현장체험학습을 소풍이라고 했다는 이야기를 들은 뒤로 모욱이는 계속 소풍이라고 말해. 하여튼 쓸데없는 것은 기억을 잘한단 말이야."

"뭐가 쓸데없다는 거야? 나는 우리 집에서 누나가 제일 쓸데없는 것 같은데."

모욱이는 나를 향해 메롱 하고 혀를 내밀었다.

"뭐라고? 너 엄마한테 다 이를 거야. 맨날 누나한테 장난만 치고. 그런데 우리는 왜 따라온 거야?"

"아! 채인이 누나, 내일 임강 가면 이장님 집에 가서 빵이 사진이랑 동영상 좀 찍어 올 수 있어? 그동안 빵이를 못 봤더니 너무 보고 싶어서."

"아, 맞다! 그때 빵이 이장님 집에 두고 왔지?"

"응, 우리 집도 너희 집처럼 강아지도 키우고 고양이도 키우면 좋겠다. 그런데 엄마가 동물 털 알레르기가 있어서 아무것도 키울 수가 없어. 그러니 빵이도 데려올 수 없었지."

"그러니까 말이야. 엄마는 왜 동물 털 알레르기가 있는 거지? 그래서 우리는 동물원에도 잘 못 가잖아. 엄마가 알레르기만 없었어도 나는 동물을 10마리도 더 넘게 키웠을 거야."

모욱이는 좋아하는 동물을 못 키우게 된 것이 답답했는지 낙엽을 발로 힘껏 찼다.

"그러게, 알레르기는 왜 생기는 거지? 삼촌이 있었다면 분명히 듣기 싫을 때까지 설명해 줬을 텐데. 오랜만에 삼촌 이야기하니까 어떻게 지내는지 궁금하네. 알레르기도 물어볼 겸 전화 한번 해 볼까?"

채인이가 얼른 태블릿PC를 빌려주었다. 나는 삼촌에게 화상전화를 걸었다.

"모미야, 오랜만에 전화했네. 잘 지냈어? 그런데 나는 이제 미라 조사하러 안 갈 거다. 미리 알아 둬."

"뭐야, 삼촌. 인사도 안 했는데……. 이번에는 미라 조사하러 가는 거 아니야!"

"그럼 무슨 일로 전화했어?"

"삼촌, 엄마가 동물 털 알레르기가 있잖아. 알레르기는 왜 생기는 거야?"

"맞아, 누나는 동물 털 알레르기가 엄청 심하지. 내가 어렸을 때, 친구네 개가 새끼를 낳았다고 해서 한 마리 데리고 집에 왔다가 누나가 계속 재채기하고 몸에 막 반점도 생겨서 강아지를 다시 친구네 데려다줬어. 강아지 키워 보고 싶었는데. 그런데 알레르기는 왜?"

"아! 모욱이가 빵이 키우고 싶다는데 엄마 때문에 데리고 올 수가 있어야지. 그냥 알레르기가 왜 생기는지 궁금해서. 내일 우리 임강으로 현장체험학습 가거든. 그래서 삼촌 생각도 나고 겸사겸사 전화해 본 거야."

"아, 임강! 나도 가 보고 싶은데. 할머니가 해 주는 맛있는 밥도 먹고 싶고."

"쳇! 아까는 전화 걸자마자 미라 조사는 안 간다더니."

"미라 조사는 안 하고 싶고 임강에만 가고 싶다는 뜻이야. 아무튼, 알레르기는 어떤 물질에 사람이 민감하게 반응하는 걸 말해. 누나 같은 경우는 동물 털에 민감하게 반응하는 거지."

"민감하게 반응한다고?"

"응, 사람의 몸은 외부 자극에 반응하면서 몸을 보호해. 그걸 면역이라고 해. 감기 바이러스가 들어오면 그 바이러스를 없앨 수 있는 물질을 몸에서 만들어 내는 거야. 독감 주사도 같은 원리야. 주사 바늘을 통해 우리 몸 안에 독감 바이러스를 약간 집어넣으면, 우리 몸이 독감 바이러스에 대항할 수 있는 물질을 만들어 놓지. 그럼 나중에 독감 바이러스가 들어오더라도 독감에 걸리지 않는 거야. 한 번 만들어 봤던 대항 물질을 다시 만들 수 있기 때문이야. 그런데 동물 털 같은 건 보통 사람이라면 반응하지 않지. 병을 일으키는 것도 아니잖아. 하지만 너희 엄마 같은 경우는 동물 털을 만나

미라의 저주를 푸는 인체의 비밀

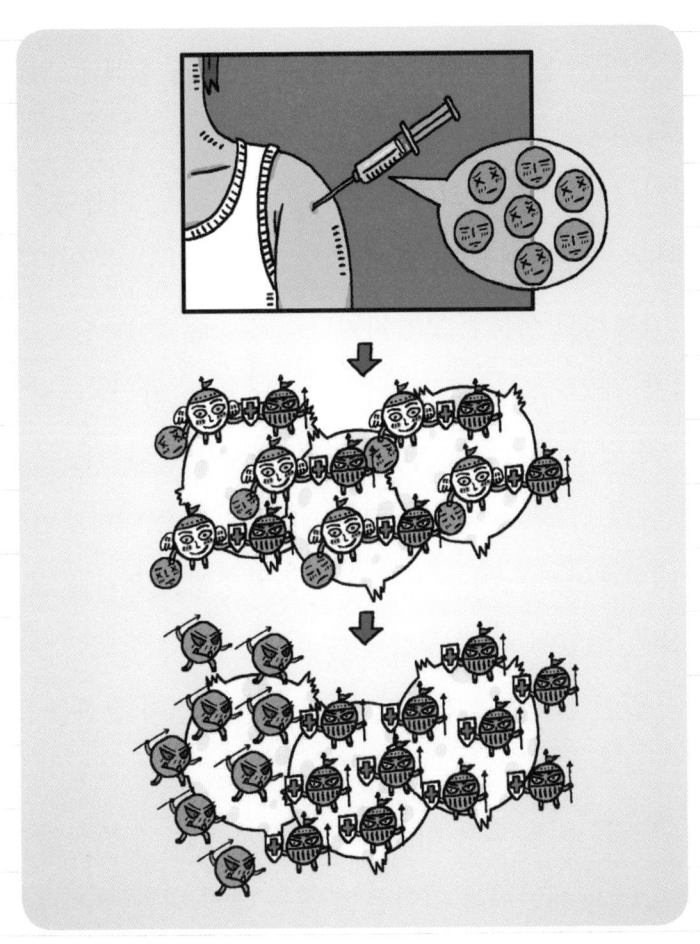

활동력이 약하거나 죽은 독감 바이러스가 몸속에 들어오면 항체가 만들어진다.

면 몸이 자기 몸을 보호해야 한다고 생각하는 거야. 아까 이야기한 것처럼 몸이 민감하게 반응하는 거지. 이때 인체에 해로운 영향을 주게 돼. 그래서 재채기를 하거나 콧물이 나거나 눈이 빨개지거나 피부가 부어오르기도 하는 거야."

"그럼 엄마는 동물 털을 가까이하지 않는 게 좋겠네. 만나면 또 민감하게 반응할 테니."

"그렇지, 그게 바로 우리가 동물을 키울 수 없는 이유야."

모욱이는 시무룩해졌다. 집에서는 동물을 키울 수 없다는 것을 알고 있었는데도 서운한 모양이었다.

"모미야, 채인아, 현장체험학습 잘 다녀오고, 이장님이랑 할머니한테도 꼭 안부 전해 드리렴. 이번에 모욱이랑 삼촌은 못 가니까 다음에 삼촌 차로 다시 한번 가자. 그리고 삼촌 네비게이션도 샀다! 이 네비게이션은 아주 정확해. 인공위성에서 전파를 받거든."

"어, 삼촌, 알았어. 이제 끊어."

삼촌의 말이 길어질 것을 예감한 내가 얼른 먼저 전화를 끊었다.

다음 날, 채인이와 나는 버스의 중간쯤에 있는 자리에 앉았다. 버스가 출발하자 채인이가 이어폰 한쪽을 내게 내밀었다. 우리는 이어폰을 하나씩 귀에 꽂고 음악을 들으며 임강으로 향했다. 늦은 가을 공기는 차가웠지만 따뜻한 햇살을 느낄 수가 있었다.

"여러분, 드디어 임강에 도착했습니다. 여기는 우리나라의 한옥이 많이 남아 있어 한옥마을로 개발되어 세계문화유산으로 지정된 곳입니다. 그러다 지난봄에 이곳에서 다수의 미라가 발견되면서 미라마을이라는 별명을 갖게 되었습니다. 이 미라들은 여기에

미라의 저주를 푸는 인체의 비밀

살던 한 여성 의학자가 마을에서 원인 모를 병으로 죽은 사람들을 해부하면서 만들어졌습니다. 기꺼이 자신의 몸을 의학 발전에 쓰도록 허락해 준 사람들에 대한 고마움으로 조선시대에 신분이 높은 양반가에서나 사용하던 무덤 양식을 사용하면서 미라가 되었다고 합니다. 오늘은 그 미라들의 특별전이 있는 날이니 질서를 잘 지켜서 관람할 수 있도록 합시다. 그럼 점심 먹기 전까지 충분히 관람하고 돌아오세요."

선생님의 설명이 끝난 뒤 우리는 미라를 보러 갔다. 무덤 형식으로 꾸며진 전시실로 들어가니 총 7구의 미라가 유리관에 담겨 있었다.

"우와, 정말 많다. 이 미라들 모두 이장님의 할머니가 해부했던 사람들인가 봐."

채인이는 여기저기 둘러보느라 정신없었다.

"그러게, 이렇게 많이 사람을 해부했으니 당연히 우리나라 의학이 발전한 거겠지."

각각의 미라 옆에는 해부를 통해 어떤 것을 연구했는지 기록되어 있었다. 어떤 미라는 심장, 어떤 미라는 작은창자, 이런 식으로 안내가 되어 있었고 할머니가 그린 장기 그림도 같이 전시되어 있었다.

"채인아, 여기 봐!"

나는 얼른 채인이를 불렀다. 채인이가 내 옆으로 와서 미라를 보고 깜짝 놀랐다.

"우리가 조사했던 미라잖아."

"맞아, 그런데 미라의 표정이 왠지 밝아진 것 같지 않아?"

"아마 모든 게 다 잘 밝혀져서 그렇게 보이는 것 아닐까?"

우리는 미라 전시실을 모두 관람하고 밖으로 나왔다. 강아지 한 마리가 우리를 향해 달려왔다.

"빵이잖아! 빵이야!"

나는 한눈에 빵이를 알아볼 수 있었다. 고개를 들자 이장님과 할머니가 보였다.

"안녕하세요? 이장님, 할머니."

"그래, 그간 잘 지냈고?"

오랜만에 듣는 이장님의 목소리가 정겹고 익숙했다. 마치 미라를 조사하던 일이 어제였던 것처럼 느껴졌다.

"이장님, 여긴 어떻게 오셨어요?"

"채인이가 전화로 소풍 온다고 알려줘서 알았지. 너도 연락 좀 하려무나."

나는 채인이를 바라보았다. 채인이는 찡긋 눈웃음을 지었다.

"이장님과 할머니도 잘 지내셨어요?"

"그래, 잘 지냈단다. 좀 바빠서 농사도 제대로 못 짓긴 했지만 말

미라의 저주를 푸는 인체의 비밀

이야."

할머니는 그동안 있었던 일들에 대해 하나하나 이야기해 주었다. 미라가 계속 발견된 이야기, 이장님의 할머니가 사람들을 치료해 주었던 내용을 기록한 책이 발견된 이야기, 이장님과 박사님이 함께 노력해서 짓게 된 박물관 이야기 등 이야기는 끝이 없을 것만 같았다.

"그런데 정말 박물관을 짓게 된 거예요?"

"그렇단다. 우리 아우님이 전국에 있는 의사들을 모아 놓고 발표를 했지. 처음 해부를 한 사람은 바로 할머니라고."

이장님은 손가락으로 이장님의 할머니가 그려진 대형 현수막을 가리켰다. 우리가 초가집에서 봤던 그 초상화 그림을 엄청나게 큰 천에 옮겨 그린 것이었다. 그곳에는 이런 말도 적혀 있었다.

우리나라 최초의 해부학자 기념박물관 건립 공사

"정말이네요. 엄청나게 큰 박물관이 생기겠어요. 그럼 여기에 있는 미라들도 모두 새 박물관으로 옮겨지나요? 아주 멋질 것 같아요. 삼촌과 모욱이가 꼭 다시 오고 싶다고 했어요. 박물관이 지어지면 꼭 다시 올게요."

이장님은 대답 대신 미소를 지으며 고개를 끄덕였다.

"자신의 실수를 밝히는 게 쉽지 않았을 텐데 박사님이 끝까지 책임을 지셨네요."

나는 비록 실수를 했지만 반성하고 노력하는 박사님이 멋있다고 생각했다.

"맞아, 사람은 누구나 실수를 할 수 있지만 누구나 반성을 하는 것은 아니지. 반성하고 뉘우치는 아우님도 참 대단해. 자신의 실수를 세상에 알리고, 역사를 바로 잡으려고 하고 있잖아. 그리고 여기 박물관도 아우님이 여러 방면으로 노력한 덕에 공사가 시작될 수 있었지. 한옥마을도 그렇고."

박사님 이야기를 하는 이장님의 얼굴이 참 행복해 보였다.

"이장님, 저희 이장님 집에 가고 싶어요. 아랫방에 배 깔고 엎드려서 삶은 감자 먹고 싶어요."

나는 빵이를 끌어안고 지금 당장이라도 이장님 집으로 갈 수 있다는 듯이 말했다.

"아이고, 선생님이 찾으실라. 이렇게 학교에서 친구들하고 같이 왔을 때는 혼자 따로 행동하면 안 되지. 그리고 지금은 감자 철이 아니라서 집에 감자도 없단다."

할머니는 고개를 저으며 말했다.

"대신 재미있는 것을 보여 주마. 따라오려무나."

나는 채인이와 함께 할머니를 따라갔다. 안고 있던 빵이를 내려 놓자 빵이도 우리를 졸랑졸랑 잘 따라왔다.

"우와! 이장님의 할머니가 살던 초가집이네요. 한옥마을로 옮겨 지는 거 싫어하지 않으셨어요?"

우리가 미라를 조사할 때만 해도 뒷산의 한적한 곳에 있던 이장 님 할머니의 초가집이 한옥마을에 있는 게 신기했다. 초가집은 지 붕, 싸리 담장 등이 수리되어 그때보다 좀 더 말끔해 보였다.

"할머니도 많은 사람을 구하기 위해 의술을 펼쳤는데, 나도 다른 사람들에게 뭔가 도움이 되어야 하지 않겠어? 너희 같은 학생들이 와서 초가집에 대해서 배우고 공부할 수 있다면 할머니가 아주 좋 아할 거야."

이장님은 흐뭇한 표정으로 초가집을 한옥마을로 옮긴 이야기를 했다. 모욱이의 부탁대로 채인이는 빵이와 놀면서 사진과 동영상 을 찍었다.

"채인아! 모미야! 너희 여기서 뭐 해?"

작년에 같은 반 친구였던 나현이가 우리의 어깨를 두드렸다.

"아, 나현이구나. 그냥 여기저기 구경하고 있었어."

채인이가 대답했다.

"나도 너희랑 같은 반이 되고 싶었는데. 이리 와 봐! 우리 같이 사 진 찍자."

나현이는 나와 채인이를 마루 앞에 세우더니 자기도 우리 옆에 나란히 섰다. 채인이는 태블릿PC를 꺼내 셀카를 찍으려고 손을 길게 뻗었다.

공사 중인 박물관 외벽에 걸린 그림 속 이장님의 할머니가 지금 두 손주가 만들어 가는 이곳을 흐뭇하게 내려다보고 있는 것만 같았다. 초가집 담장 밖에서 우리를 바라보고 있는 이장님도 흐뭇하게 웃음 지었다. 할머니의 진실이 밝혀진 뒤 그동안 모르고 지냈던 가족을 만난 지금을 감사하는 웃음인 것 같았다.

미라의 저주를 푸는 인체의 비밀

"찍는다!"

나는 양팔을 벌려 채인이와 나현이의 어깨를 감쌌다. 대책 없이 무작정 시작했던 미라 조사는 이장님의 할머니에게도, 이장님에게도, 우리에게도 지금이라는 소중한 순간을 선물해 주었다.

인체 퀴즈 1 교감신경

교감신경은 자율신경의 하나로 위급하거나 긴장되는 상황에 작용한다. 교감신경이 흥분하면 심장박동 수가 증가하고 혈액이 뇌, 심장, 근육 등으로 집중된다.

인체 퀴즈 2 단위

어떤 양을 측정할 때 기준이 되는 일정한 양을 단위라고 한다.

인체 퀴즈 3 미세먼지

먼지는 대기 중에 떠다니는 작은 입자를 말하는데, 크기가 $10\mu m$보다 작은 먼지를 미세먼지라고 하고, $2.5\mu m$보다 작은 먼지를 초미세먼지라고 한다.

인체 퀴즈 4 맹점

시신경(시각신경)이 모여 안구 바깥으로 나가는 부분에는 시각세포가 없어 물체의 상이 맺히지 않는데, 이곳을 맹점이라고 한다.

인체 퀴즈 5 **28.26m²**

원의 넓이는 반지름×반지름×3.14로 계산할 수 있다.

$3 \times 3 \times 3.14 = 28.26$이므로, 반지름이 3m인 원의 넓이는 28.26m²
이다.

인체 퀴즈 6 **혈소판**

혈소판은 혈액 속에 들어 있는 작은 세포 조각으로 출혈을 막고 혈
액을 굳게 만드는 역할을 한다.

인체 퀴즈 7 **신장(콩팥)**

몸속의 노폐물을 걸러 주는 역할을 한다. 신장에서 하루에 걸러지
는 혈액은 약 180L 정도이지만 대부분 다시 흡수되고, 1~2L 정도
만 소변으로 배출된다.

인체 퀴즈 8 **간**

간은 오른쪽 갈비뼈로 감싸져 있으며, 여러 영양소의 소화를 돕고
해독 작용과 살균 작용도 담당한다.

융합인재교육(STEAM)이란?

수학·과학 교육의 새로운 패러다임

"지구는 둥근 모양이야!"라고 말한다면 배운 것을 잘 이야기할 수 있는 학생입니다.

"지구가 둥글다는 것을 어떻게 알게 되었나요?"라고 질문한다면, 그리고 그 답을 스스로 생각해 보고 궁금증에 대한 흥미를 느낀다면 생활 주변에서 배우고 성장할 수 있는 학생입니다.

미래 사회는 감성과 창의성으로 학문의 경계를 넘나드는 융합형 인재를 필요로 합니다. 단순히 지식을 주입하는 데 그치지 않고 '왜?'라고 스스로 묻고 찾아볼 수 있어야 합니다.

미국, 영국, 일본, 핀란드를 비롯해 여러 선진국에서 수학과 과학

미라의 저주를 푸는 인체의 비밀

의 융합 교육에 힘쓰고 있습니다. 우리나라에서도 창의 융합형 과학기술 인재 양성을 위해 교육부에서 융합인재교육(STEAM) 정책을 추진하고 있습니다.

융합인재교육은 과학(Science), 기술(Technology), 공학(Engineering), 예술(Arts), 수학(Mathematics)을 실생활에서 자연스럽게 융합하도록 가르칩니다.

'수학으로 통하는 과학' 시리즈는 융합인재교육 정책에 맞춰, 학생들이 수학과 과학에 대해 흥미를 갖고 능동적으로 참여하며 스스로 문제를 정의하고 해결할 수 있도록 도와주고 있습니다.

스스로 깨치는 교육! 수학과 과학에 대한 흥미와 이해를 높여 예술 등 타 분야와 연계하고, 이를 실생활에서 직접 활용할 수 있도록 하는 것이 진정으로 살아 있는 교육일 것입니다.

19 수학으로 통하는 과학

미라의 저주를 푸는
인체의 비밀

ⓒ 강호진, 2020

초판 1쇄 발행일 2020년 11월 4일
초판 2쇄 발행일 2024년 1월 29일

지은이 강호진
그린이 오성봉
펴낸이 정은영

펴낸곳 (주)자음과모음
출판등록 2001년 11월 28일 제2001-000259호
주소 10881 경기도 파주시 회동길 325-20
전화 편집부 (02)324-2347, 경영지원부 (02)325-6047
팩스 편집부 (02)324-2348, 경영지원부 (02)2648-1311
이메일 jamoteen@jamobook.com
블로그 blog.naver.com/jamogenius

ISBN 978-89-544-4532-0(44400)
　　　978-89-544-2826-2(set)